U0797205

WHAT BOOKS

·什么·工作室

30岁前的每一天

实 用 梦 想 管 理 指 南

水湄物语 著

中国友谊出版公司

图书在版编目（CIP）数据

30岁前的每一天：实用梦想管理指南 / 水湄物语著
. —北京：中国友谊出版公司，2018.10（2021.2重印）
ISBN 978-7-5057-4511-7

Ⅰ. ①3… Ⅱ. ①水… Ⅲ. ①成功心理—通俗读物
Ⅳ. ①B848.4-49

中国版本图书馆CIP数据核字（2018）第221113号

书名 30岁前的每一天：实用梦想管理指南
作者 水湄物语
出版 中国友谊出版公司
发行 中国友谊出版公司
经销 新华书店
印刷 天津旭丰源印刷有限公司
规格 880×1230毫米 32开
9印张 200千字
版次 2018年12月第1版
印次 2021年2月第13次印刷
书号 ISBN 978-7-5057-4511-7
定价 42.00元
地址 北京市朝阳区西坝河南里17号楼
邮编 100028
电话 （010）64678009

新版序

不满生活的平庸，改变未来的起点

30 岁那年的冬天，我依然还记得。那时，我厌倦了高大上的外企咨询工作，厌倦了五星级酒店丰盛的早餐，厌倦了一年 11 个月的出差，厌倦了每周超过 80 小时的工作，厌倦了无法陪伴亲人，厌倦了一个人的生活。

我最厌倦的，应该是无法自由地选择自己的命运和生活。

然后，我鼓起勇气做出了改变。

我选择了当时只有两个人的初创 NGO① 组织，薪水只有原来的 1/3。然而，工作时间并没有减少太多。

---

① NGO（Non-Government Organization）：独立于政府和企业之外的组织，包括社团、基金会、慈善信托、非营利公司等。NGO 一般为非营利性，倡导志愿精神，但近年来在欧美也盛行以企业手段赚取利润来贡献社会的“社会企业”的概念。

我选择了一个我喜欢的行业，然而一切必须从零开始。未来会怎样，我并不知道。

我选择了回到父母身边，然而，我知道不可能一直陪伴他们。

我选择了在投资论坛上认识的暖手同学，并把他变成了我的老公，然而，却不知道我们能相伴多久。

30 岁的那一年，我做出了改变，然而，却不知道未来会发生什么事。

直到现在，我知道了。

我知道了，我在那家 NGO 坚持了 7 年，并使它成为全国颇有影响力的组织。

我知道了，我与暖手同学携手走过了 7 年之痒，如今，他发未秃，人未胖，还是热衷于讲奇怪的冷笑话，还是从来没有送过我花，但是偶尔我还是能感受到他的帅点。可能别人的爱人，最性感的是腹肌，而我的爱人，最性感的是大脑吧。

我知道了，我可以生 3 个娃，而且也没有放弃工作和个人兴趣。我知道了，我的爱那么多，多到来 3 个娃也不会减薄。

我知道了，从未熄灭的创业念头让我在 7 年前创业做了长投学堂，并发展至今。我知道了，我 10 年前就在做的理财知识普及，在这个快速变化的时代显得越来越重要。在这个缺乏财商教育的国度，帮助更多的人拥有对金钱的正确观念，是我在创业的那么多年里，从未改变的初心。

似乎每个人都会有对未来感到迷茫和彷徨的时候，有些人在 20 岁的时候遇到，有些人是在 40 岁，对于我而言，则是在 30 岁。

但是，面对迷茫和彷徨，有些人会缩回自己的安全地带，用逃避来继续维系自己的安全感。而我选择的，则是踏出一步，去寻找这个迅速变化的世界里，更多值得我冒险的乐趣。

因为 30 岁那一年的改变，我出版了我的第一本书《30 岁前的每一天》。6 年过去了，如今迎接来了它的新版。

我询问了很多当年的读者，他们的生活曾经被这本书改变过。

有一位读者跟我说，她当年看这本书的时候也是单身，是这本书促使她有了改变工作的勇气，不久就在工作中认识了老公。结婚后，她在老公的书房里也发现了这本书。

另一位读者说，他老婆看了这本书，然后报名了长投学堂的课。因为太难了，所以扔给他让他学。他学完课觉得很不错，又倒回去看我的书。现在，他已经是一名专业投资人了。

还有一位读者，说当年国企太闲、太无聊了，无意中看到《30 岁前的每一天》，他觉得要为自己的人生做点儿什么。现在，他已经来长投学堂上班了，是我的一位工作表现极其出色的同事。

从这本书首次出版至今，最值得我骄傲的事就是我和我的读者们的生活都发生了巨大的改变。而这一切的起点，都是这本书。

我最期待的是，当你翻开这本书的时候，它会变成你人生的一个起点——一个不满现有生活的平庸，奋力改变自己未来的起点！

也借本书再版之际，感谢我的父母和公婆对我的支持，感谢暖手同学依然冷的笑话，感谢日日给我亲吻和拥抱的嘟嘟，以及越来越美丽、可爱的双胞胎。同时也要感谢那些我以前、现在和未来正在路上的同事，谢谢你们赋予了我生活的美好意义，让我 30 岁后的每一天都变得幸福无比！

水湄物语

2018 年 7 月 25 日

自 序

改变自己，把日子过成你想要的样子

30 岁那年的冬天，我还记忆犹新。咨询顾问的工作已经做了 3 年，不再有新鲜感。对家人的思念，对“剩女”身份的忧虑，以及对未来的迷茫，已经完全抵消了高额薪水和工作成绩所能带来的欣喜感。

那一年冬天，外婆去世了。她去世前住院的时间里，我在广州出差，无法陪伴在她的身边。那一年冬天，连广州那样的南方城市都下了大雪，我陷入浓重的忧郁情绪中。

然后，我下定决心，决心改变这一切。

那一年，我辞去了咨询顾问的工作，机缘巧合地参与了一个非营利组织的创建，并因此为这个组织做全职工作，改变了职业轨迹；我开始系统地学习投资理财的知识，希望由此走上不受薪水控制的财富自由之路。那一年，我在投资论坛上认识了远在英国工作的暖手同学，并在一年后，顺利把他骗回国内，并成功地嫁给了他。从此，我们过上了幸福、快乐的婚姻生活。

顺便解释一下，暖手同学之所以被称为“暖手同学”，是因为我们是在冬天领的结婚证，从登记处出来，他就把我的手握在他的掌心里暖着，并且谄媚地问：“冷不冷啊？”当我把这个故事告诉桃花石上书生的时候，她便称呼他为“暖手同学”。

我感谢 30 岁的那个冬天，如果没有那个绝望的冬天，可能我无法鼓足勇气辞职，也不会找到我喜欢的工作；如果没有那个绝望的冬天，即使遇见我喜欢的人，也没有时间与他在街头漫步、在寒夜相拥；如果没有那个绝望的冬天，我不会有那么多时间陪伴父母，与朋友相聚；如果没有那个绝望的冬天，我不会找到自己真正想要的生活。

30 岁之后，我觉得梦想离我越来越近了。如今，我已经年过四十，我从事自己热爱的工作，有许多时间陪伴家人和朋友。我找到了生命的另一半，因为他的存在，我有勇气面对生活的任何艰难困苦。我和他一起创立了公司，拥有一群和我们一起奋斗的同事。我有了 3 个宝宝，人生进入全新的领域，甜蜜的负担激励我不断向前。我走向了财富自由的道路，不再为薪水的多少而烦恼。

所以，我希望这本书是能够帮助你做出改变的书，能够帮助你想清楚生命当中，到底哪些是真正值得珍惜的，是真正值得去奋斗的。

在书的一开始，我们谈到了梦想。每个人都会有梦想，可是因为现实的残酷，有些人假装遗忘了它。但是，如果没有梦想在未来呼唤，恐怕我们无法拥有改变的勇气。找到你的梦想，并且以它为指针，你才能变成更好的自己。

接着讲的是如何聚集正能量。我相信每个人都跟我一样，有过那些绝望、无助、焦虑、迷茫、痛苦的日子。但也正如我走过那个悲惨的冬天一样，也一定会有办法让自己变得更加积极、乐观、勇敢、自信。

拖延症、注意力涣散、三分钟热度，这些拦在你梦想路上的“小怪兽”，是这个信息爆炸时代每个人都会面对的困难。而光有积极的态度还不够，还需要击败这些问题的技巧和方法。本书第五章的内容会帮助你找到更多武器去击败“小怪兽”们。

接下来的部分，是你要成为自己的规划师，职业规划、学习规划，甚至爱情也应该有所规划。有了正确的方法，才会走上正确的道路。

财富自由，是实现梦想最重要的基础。财富自由，意味着你有足够的时间去做你想做的事，不必再熬夜加班，不必再看老板的脸色。“踏上财富自由之路”这一部分，讲述投资理财最基础的观念和技能，希望能帮助你做出改变。

梦想的目标要高远，但行动要脚踏实地，这就是记事本存在的意义。很多人都在用记事本，可是很多人都不会用它。记事本不仅是提醒你不要忘记会议时间的工具，更是记录自己成长、帮助自己做出改变的利器。第六章详细讲述了该如何使用好记事本。相信有了这个利器，你与梦想的距离会更近。

30 岁之前，用梦想做指引，积聚正能量，打败“小怪兽”，做好职业、学习、爱情的规划，踏上财富自由之路。当你已经有足够的力量了，不妨去做一些能改变世界的事，这就包括参与或者建立一个 NGO 组织，帮助那些需要帮助的人，也让自己能够找到生命的更多意义。

当我变得更好时，我想感谢世界上最完美的爸爸妈妈，你们就是我努力生活的最大原因。也感谢世界上最好的公公和婆婆，你们是我选择嫁给暖手同学最好的理由。当然，还要感谢会嘟嘴、会卖萌的暖手同学，旁人只看到你聪明的头脑，我看到的是你有趣和温暖的灵魂。我还要感谢我的 3 个孩子，是你们让我感受到生命的美好，让我更有勇气面对未来的人生。

让我们再回到那个冬天，一个人在异地，临近年关，寒冷的冬天；没有家人，没有朋友，没有爱人的冬天；存折上没有多少钱，老板又说要加班，胃病开始发作的冬天；对工作厌倦，对前途迷茫，对自己毫无信心的冬天。

这是我的冬天，也可能是你的冬天，但是正如我在那个冬天里所做出的决定，你也可以在捧起这本书的同时，做出一个决定：从现在开始，改变你自己，把日子过成你想要的那个样子。

目 录

第一章 梦想改变生活

第二章 聚集正能量的人生

第六章

记事本改变生活

第七章 30岁前改变自己，30岁后改变世界

附录1 院生故事

附录2 零基础的投资之路

第一章

梦想改变生活

假设你要出门旅游，请问你是选择走路、开车，还是乘飞机呢？请问你是要带冬天的羽绒服，还是夏天的花短裤呢？太阳眼镜和登山杖都要带吗？

当被问及这些问题的时候，你的第一个反应恐怕就是："这取决于我要去哪里。"对啊，如果要去非洲旅行，那乘飞机是你唯一的选择。但是，如果只是去郊外踏青，那可能坐地铁就到了。如果你有机会去攀登珠穆朗玛峰，穿花短裤恐怕你就回不来了。

梦想，就是你要去往的目的地。它可能很遥远，也可能触手可及。除非你知道它在哪里，否则你不会知道应该选择什么样的道路，以及携带什么样的工具。

如果你有一个美好的梦想，你知道未来要去往哪个方向，你怀抱着梦想踏上人生的征途，你就一定会明白自己想要的生活到底是什么样的。你会努力积累能量，抗击生活中的困难，做出明确的选择。

你的梦想是什么？

月薪 50 万元的美妙生活

在本书一开始，我想让大家一起来做一个充满乐趣的游戏。想象一下，你现在每月有 50 万元的收入（这是月薪哦），也就是说年薪是 600 万元。这些钱是每年自动转到你账户的，因此你不用上班、不用工作，一天有 24 小时充分的自由时间。

虽然我个人认为理想更加高远才好，比如说，我小时候曾经想过要当“宇宙大总统”，估计即使有 600 万元年薪，这个梦想也不能实现，但是，还是让我们先略微现实一点儿吧。实现了年薪 600 万元的目标之后，再考虑做“宇宙大总统”也不迟啊。

年薪 600 万元的生活是多么美妙啊，不用上课，不用工作，不用听老板的训斥，不用跟各种奇怪的同事相处，不用听爹妈的唠叨。反正，总之一句话，你想干什么吧。

清晨，从希腊的圣托里尼岛出发，远处是纯白的建筑物和蓝色的爱琴海。坐在快艇上，面对美景，用清香的橄榄油蘸着面包，在香喷喷的烤羊腿上浇上柠檬汁。饱餐一顿后，再来一份充满诱惑的甜点——希腊特有的丁香蜜糕。

这是环游世界和美食家的梦想。

走进大山深处，满目都是绿色的山林。虽然没有干净的水，没有网络和电脑，但是有孩子们纯真的笑脸，有琅琅的读书声，有家长们偷偷塞到宿舍的山珍野味，有塞进门缝里写着“老师，我们爱你”的手工卡片。

这是为公益事业献身的理想主义者的梦想。

阳光满满的大房间里，“顶天立地”的书架。有书香，有茗茶，有古琴，有棋盘，有笔墨砚台，当然也有电脑和 iPad（苹果平板电脑）。古代读书人和现代信息化的完美结合，精研七种语言，琴棋书画皆通。

这是文艺青年的梦想。

能俯瞰市中心美景的宽大办公室，业绩报表上陡直上升的盈利曲线，通宵未眠的红眼睛，激情四溢的团队伙伴，充满赞赏的投资人评价，上市时的那声锣响。

这是创业家的梦想。

梦想有那么多，以下罗列了在网上搜集的各种梦想，真的是千奇百怪。不过，确实都是很可爱的梦想：

立刻出发，环游世界。

给爹妈买个大别墅。

有一个美满的家庭。

推动中国艺术文化产业的发展。

做不山寨、不抄袭的时尚杂志。

学会 N 种语言。

有自己的会计师事务所（律师事务所、咨询公司）。

支持慈善事业，帮助更多的山村失学儿童。

投资高等教育，希望能推动我们国家大学以上教育的发展。

静下心来研究建筑设计，免费帮自己喜欢的人或项目做设计，让自己的学识和智慧发挥作用，做出让人“幸福的建筑”。

学习很多本领，比如掌握七门外语，熟稔七种乐器，会下棋，会画画。

回家过好日子，看美剧，看漫画，买个别墅宅着休息、宅着玩。

建立个信息创业平台，使更多有梦想的年轻人有机会早日实现财务自由，做他们想做的事，让他们发掘自我，走自己的路。

希望有一个自己的大农场，种植蔬菜、水果，饲养马匹……

实际上，面对真正的梦想，600 万元年薪只是一个很低的限度，我们只是借用这样一个小游戏，来让你放开金钱和时间的束缚，来畅想一下你真正的梦想是什么。

你想要的到底是什么

其实，“月薪 50 万元的美妙生活”这个小游戏，是我在 JA① 做志愿者的时候，为一所大学的同学讲“职业规划”这门课时所做的一个小测试。目的是要抛开金钱和时间的束缚来畅想一下：真正能满足你、实现自我价值的，是哪些东西？

以下是那次讲座中，同学们给我的答案：

学生一：

1. 买别墅给爹妈住；

2. 带伴侣环游世界（他本来写“朋友”，后来改成“伴侣”）；

3. 请朋友玩。

实际上，这个同学的梦想很简单，一个字：钱。他的梦想都是可以用钱来解决的。所以，暂且不论这是不是他真正的目标，但如果追求的是钱，那找工作的时候就应尽量找一些收入比较高的工作。鉴于他是男生，又比较外向和活泼，可以找找类似销售这方面的工作。

看得更深一点儿，就能看出他要金钱的目的，是为了带给身边的

---

① JA，Junior Achievement，中文网站 www.jachina.org，是全世界最大的非营利教育组织之一，1919 年在美国成立。目前，JA 在全世界 100 多个国家进行经济和商业教育，每年有 700 多万青少年接受 JA 的课程。JA 中国成立于 1993 年，创新工场董事长兼首席执行官、谷歌大中华区前总裁李开复就是 JA 中国的董事会成员。

人（例如父母、伴侣和朋友）更好的感受。换句话说，他想要的是一种“别人认同的成就感”。而他个人觉得，这种成就感是金钱可以带来的。是不是真的如此，还有待检验，不过至少他的目标很明确。

学生二：

只有一个梦想，推动中国艺术文化产业的发展。

我问了一下那个羞涩的同学，她说她从 6 岁开始学画画，一直很喜欢。但是，高中的时候父母说学画画的人作风都不正派，又不能吃饱饭，所以她大学的专业选了计算机。我问她，她是想做艺术家，还是想做艺术经纪之类的工作。她说是后者，因为她想帮助更多有艺术天分但又没有机会的人来实现艺术梦想。

她说她有那么多钱和时间之后，就用来策划画展，帮助中国的艺术家走出国门。

你们看，她的梦想就不是用钱解决得了的。但是很不错，她的目标很清晰，而且实际上根本不需要那么多钱。

我说：“你想清楚了，如果你的梦想是这个，那很简单，你就上网去找跟艺术经纪相关的公司，打电话，或者直接过去说：‘我就想干这个。我不要薪水，我来端茶、倒水。’每周去一次。一个月之后，哪有一个公司会不要一个从小有梦想，又那么执着每周来，而且不要薪水的实习生啊？

“有了实习岗位之后，你就可以慢慢接触这个行业，慢慢走进去。

“如果他们要求专业技能，例如什么资格证书，你就可以跟他们说，给你一年时间。一年之后，你拿着证书再去。我就不信他们会不要你。”

这个同学刚上大一，我相信只要她的梦想真是这个，而且愿意为之付出努力，实现它并不是很难的事情。

学生三：

1. 做乐团经纪人；

2. 帮助政府改变世界；

3. 有一所大房子，有一个大书房。参见孙燕姿的一首歌——《完美的一天》：

我要一所大房子，

有很多很多的房间，

一个房间有最快的网路，

一个房间有很多的吉他，

一个房间有我漂亮的衣服。

……

我对他的建议是，大房子是可以通过金钱得到的，因此你需要一定的经济基础。

至于他的第二个梦想：帮助政府改变世界。当我念的时候，大家都笑了。我没有笑，实际上，他的梦想是改变一些社会不公正的现象，帮助社会改革。他的第一个和第二个职业梦想是有冲突的。虽然乐团经纪人也能在某种程度上改变社会，但他想做的，可能更多的是“社会改革家”。这样的话，可以通过当“文化意见领袖”“NGO 领袖”或者“政府主管”来解决。一个人的时间和精力有限，因此，他要评估自己的能力和兴趣，可以在这几个当中做出选择。

学生四：

1. 做慈善；

2. 读文化、哲学等很多书；

3. 旅行。

这些梦想都不是金钱可以解决的。实际上，后两个更多的是需要时间。因此，她在选择职业的时候，就不能像第一个学生那样，找钱很多但是无法有很多空余时间的工作。

至于第一个梦想，我问了一下是哪方面的慈善。她说是节水技术方面的。我说很好啊，朝阳产业。原来她学的专业是环境工程，她已经参与了一些新技术的推广，但目前只是到贫困地区去口头解释一下节水怎么做、做什么。她说实际上，他们有比较好的技术。

我说：“那这个也不难。第一，你尽量去做；第二，多接触这方面的人和事，然后想想你是想赚钱，还是想为社会出力。你这个东西既可以做成企业，也可以做成 NGO，而且不会让你吃不饱饭的。”

看到这几个例子，再回头看看你所罗列的梦想，你应该明白自己真正想要的是什么了吧?

梦想总是与你的价值观相联系。你相信什么，就会遇见什么。

你相信什么，你就看见什么

暖手同学（要熟悉暖手同学，请参见“自序”）常说：“你相信什么，你就能看到什么。”他说每个人眼中的世界都是不一样的。

也许你听说过日本一位知名的画家草间弥生，她是日本当代著名的艺术家。她的特点，就是以圆点来描绘世界。她画的南瓜是由圆点组成的，她画的高跟鞋是由圆点组成的，她画的富士山也是由圆点组成的。她认为，“地球也不过是百万个圆点中的一个”。

刚开始知道她的人都为她天才的想象所征服，但是知道她背景的人都了解，她患有先天性的视网膜成像缺陷，视网膜上充满了幻觉式的圆点。她的视觉世界，是由一片圆点覆盖的，就好像我们透过一块布满了圆点的玻璃看到的世界。也就是说，她并不是凭空想象出她的艺术世界，她是真的看到了这样的世界，再加以艺术的夸张和变形，才成就了她怪异而独特的风格。

还有一位更广为人知的澳洲人——力克·胡哲（Nick Vujicic），他一出生就没有双手双脚，却会骑马、冲浪、打鼓、踢足球等，他会的一些运动就连四肢健全的人都很少能做到。

但我最钦佩的，是他的父亲，因为他的父亲相信他一定能战胜这种先天的缺陷。在力克 18 个月大的时候，父亲就把他放到水里，让他学习游泳。4 岁的时候，父亲让他用臀部以下只有两个脚趾头的畸形脚练习打字，最终让力克在 21 岁的时候，获得了会计与财务规划两个学士学位。

我猜想，如果力克的父亲相信的是“我的儿子是一个残疾人，他将无法自理，无法学会任何技能，一生只能靠政府救济过日子”，他一定会日日以泪洗面，找护理工来照顾力克的生活，向政府申请补助，那么他也一定会看到及得到他所相信的。

可是，力克的父亲相信的是“我的儿子可以学会任何运动”“我儿子跟正常人一样”，他也看到以及得到了他所坚信的。

你相信这个世界的人都是“外貌协会”，那腰围超过一尺八，你就会痛恨不已；相信暴富的神话，你就会花大价钱去买“15 交易日获利 120%”的股票软件；相信人的才能全部是先天的，那你不会在某个技能上花一万小时的努力；相信这个世界只有“拼爹”才会成功，那你一辈子只能行走在 loser（失败者）的路上。

你相信什么，你就能看见什么！

只有你相信自己会实现梦想，梦想才会陪伴在你左右。梦想是很奇怪的东西，它不能当饭吃，也不能当屋住，不过当你拥有它的时候，总觉得精神饱满、自信充沛，太阳特别明亮，鲜花也特别芬芳。

梦想摘星的人才有可能登上月球

梦想是这般美妙，连想一下都会觉得幸福。可是，现实又是这般残酷，别说月薪 50 万元，就连年薪 50 万元都是一个遥不可及的目标。

你甚至觉得前文说的那些学生太幼稚可笑了，改变世界？做公益事业？推动中国艺术文化产业？简直是在做大头梦。你现在整天想的，就是明年可以加薪水，后年可以升一次职，大后年找到结婚对象。

你说这叫“现实”，这叫“成熟”，你说梦想是根本不可能实现的。

《牧羊少年奇幻之旅》里有一个小故事，讲的是牧羊少年因为梦想而踏上去往埃及的道路。路上，他遇见了一个水晶店的店主。店主的梦想是去麦加朝圣。当牧羊少年询问店主，为什么不去实现他的梦想时，店主说：“我年轻的时候，因为想要去麦加朝圣，所以选择先积攒一点儿钱，开了这个水晶店。当时我想，等我成了富翁，就去麦加朝圣。但是，当我赚够了钱，我却无法脱身，我无法把店铺交给别人照看。因此，麦加朝圣就变成了一个永远无法实现的梦想。”

我们很多人也同那位水晶店的老板一样，在岁月中逐渐消磨了最初的梦想。

年轻的时候，谁都会有梦想。我们也常常为自己寻找借口说，让我们先积攒一点儿钱，等工作再稳定一点儿，等薪水再高一点儿，等我有更多的业余时间。可是日复一日，年复一年，现实慢慢把我们吞没了，梦想也就消失了。

牧羊少年为了梦想，鼓起勇气，把自己身边的羊群全部卖掉，然后积攒了路费，踏上了寻梦之旅。而我们的梦想，是否仅仅止于我们的想象？

我记得一段让我印象深刻的话，大概的意思是说，成功人士大多都是理想主义者，而且理想高远得几乎都不能实现。而正因为“取法乎上，得其中也”，拥有高远的梦想，他们才能达到一个比较高的水准。而“取法乎中，仅得其下”，如果你追求的只是简单的温饱、加薪、升职，那么也许你连这些都得不到。

有两个乡下小男孩躺在星空下，一个说“天上的星星真美，我希望有一天我能走近去看看那些星星”，另一个说“别做那些不切实际的美梦了，我只希望有一天我能攒够钱，去最近的大城市看看风景”。

如果我告诉你，他们当中出了一名宇航员，他登上了月球，你会认为是后者吗？

著名广告人李奥·贝纳说过一句话：“伸手摘星，即使徒劳无功，亦不致满手污泥。”

只有梦想要去看星星的人，才有可能登上月球。

第二章

聚集正能量的人生

未来很美妙，现在很重要。实现梦想最重要的，就是做好当下。作为成年人的我们，已经了解到现实并不像童话那样充满玫瑰色，现实是冰冷而残酷的。面对人生的岔路，我们应该做什么样的选择？面对困难和挫折，我们能否从容应对？

我想起两棵苹果树的故事。它们从小经历了各种暴风、日晒、虫蛀，终于在成年之后，各自结了 10 个苹果。但是，当中 9 个都被主人拿走了，它们各自只剩下 1 个。

对此，第一棵苹果树感到愤愤不平，于是自断经脉，拒绝成长。第二年，它只结了 5 个苹果，4 个被拿走，自己得到 1 个。“哈哈，去年我得到了 10%，今年得到 20%！翻了一番呢。”于是，这棵苹果树心理平衡了。

但是，第二棵苹果树则做了另外一种选择。它把根扎得更深，吸取更多的阳光和营养。第二年，它结了 100 个果子，主人拿走了 95 个，它自己剩下了 5 个。虽然只得到了 5%，可是实际上它得到 5 个实实在在的苹果。

第三年，第一棵苹果树只结了 1 个苹果，主人没有拿，它自己拿到了 100%。而第二棵苹果树则结了 1000 个果子，主人仍然拿走了 95%，但它自己还剩下 50 个苹果。

在成长的过程中，你也会如同这两棵苹果树一样面临选择，你可以选择自暴自弃，也可以选择不断成长。而当你真正长成参天大树的时候，那些曾阻碍你成长的力量都会微弱到可以忽略。

如何面对选择

面对选择的迷茫，是所有人的困惑。莎士比亚在 400 年前就借哈姆雷特发出这样的哀叹：

生存或毁灭，这是个问题：
是否应默默地忍受坎坷命运之无情打击，
还是应与深如大海之无涯苦难奋然为敌，
并将其克服。

此二抉择，究竟哪个较崇高？

“哈同学”那个时候的困惑，也是现在很多人的困惑。选择，是每个人都会遇见的岔路口，是每个人都会感到困惑的决定。如何才能做出睿智的选择呢？

没有那条更好的路

这些年，我常常遇见下面这些我无法回答的问题：

你觉得是先工作再创业好，还是大学毕业直接就创业好？

你觉得我想转行的话，应该先辞职，还是先过渡一段时间呢？

你觉得在哪些领域工作过，会对进入NGO组织有帮助？

你觉得要达到年薪百万的话，是在一个公司干很多年，还是应该多跳槽呢？

这些问题之所以无法回答，是因为所有这些问题都有一个“假设性前提”，那就是“做A某某事会比做B某某事更好，更容易达到目的”。也就是说，成功之路是有一条捷径的。

比如，问先工作再创业好，还是大学毕业直接就创业好的人，已经假设了，肯定有一条捷径是可以更容易创业成功的，只是他现在还不知道这个捷径是先工作，还是先创业。而我只要告诉了他捷径是什么，他就能够更快地到达彼岸。

我们公司有一位“95后”的小朋友，很爱学习。她想多看点儿书，所以一直追问我：“你觉得先看哪本书好呢？”

我对她说，不要问“哪一本”，要问你到底有没有“看”。

以我个人的经验来说，“看”远比“看哪一本”要重要得多。

书当然是有好坏的，有很多不太好的书，是不值得花费太多力气的。但是，那是读过很多很多书之后才有的经验。有些人指望“名人书单”这样的东西来帮助自己选择好书，这固然不是不可以，但当你看完书单里的书之后怎么办呢？而且，每个人的人生阶段不同，根本无法类比。

想知道哪些书适合自己，路径只有一条，那就是先“行动”。先看第一本，然后看第二本，两本一比较，你就知道哪一本比较好。只要看的书多了，对书的优劣自然就了然于心了。

当然，我这里强调的只是“行动”，思考当然也很重要。实际上，就是很简单的 12 个字——“学而不思则罔，思而不学则殆”。这是古人的智慧：光看书，不思考，天下的网络小说，你三辈子也看不完；光思考，不行动，有的人嘴里都是大道理，不见他们真的做到了。

读书是这样，工作、生活也是一样。成功，无论是社会所定义的成功，还是你给自己定义的成功，都没有捷径可言。我本人并不是精英文化的信奉者，我更相信“一万小时能够成就天才”。就算做贤妻良母，也需要日积月累，没有人生下来就是贤妻良母。“天生神力”那是评书连载，现实中的举重冠军都是汗滴出来的。

又如，很多人都说，学英语学了 10 年都没有进步，但实际上，把真正用心学英语的时间加起来，到底有没有所谓的 10 年，有没有一万小时？不要追问是“疯狂英语”好还是“逆向学习法”好，实际上，无论是哪种方法，扎扎实实学一万小时，没有不成功的。

所以，每当我遇见上面所说的那些选择的问题，所有的回答都只有一个字：做。

你想创业的话，为什么不去做呢？没资金？没团队？没有好主意？就算我承认这些都是实际的困难，那你是否真正去想过一个好主意，去编织一个商业计划书，尝试去找团队、找资金？只要控制好必要的风险，不要把你爹妈的房子押进去，失败都是可以接受的。失败是可以让你学到更多东西的。

你如果喜欢 NGO 的话，你去尝试过吗？你说你看到 NGO 的信息就热血沸腾？对不起，实际不止你一个人，大概 10000 人里有 9990 人都热血沸腾，但这并不代表你真的了解 NGO 的艰苦、贫困、奉献，甚至还被人误解的特性。

并没有一份统计数据表明，在某个领域工作过对进入 NGO 组织会有多大的帮助。即便是有，这也只是统计学上的意义，对于你个人来说，如果没有花足够的时间和努力，你就只能作为那个统计学上的分母，而不是分子出现。

找工作一样，换行也一样，加薪也一样，找男朋友也一样，克服拖延症也一样！

根本没有那条“更好的路”，只有一条路，就是你选择的那条路。关键是，你要勇敢地选择，然后坚持走下去。

未来不是只有一种假设、一种选择

先从我收到的一封邮件说起：

发信之前，我犹豫了很久到底要不要发，但突然想到著名的“妇女之友”连岳说过的话，我便毫不犹豫地发了——担心被别人叫成“傻 ×”，其实已经是“傻 ×”了，只有不怕被别人称作“傻 ×”的人才是真正的牛 ×。

为了节省大家的时间，我长话短说吧。

我是个女生，今年大四，就读于一所普普通通的学校。按理说，现在应该很开心才对，因为今年保送研究生的时候，我被保送到西安某名校。当时保研的时候，我心想自己能被保研已经很幸运了，况且还是名校。保研之后便整天没日没夜地玩。

等到保研全部结束的时候，我突然发现别人都在往北京、上海挤。即便不是一线城市，也是南京、杭州的高校，而我却得过且过地选择了一所西北的学校。平心而论，如果自己当时踏踏实实地询问一下别人的意见，去更好的城市读书并不会太难。

最近在看各个学校的招聘信息时，我更是发现地域带来的巨大差异，也从侧面反映出自己当初选择的愚昧无知。

或许有人说，别人是别人，你是你，比来比去有什么意思？也有人或许会说，真是贪得无厌、不知满足！我并没有任何比较的想法，而且作为一个年轻人，知足常乐式的心灵鸡汤当然起不到任何作用。事实上，更多的，我是担心自己将来的发展。

十分感谢你能耐心地听我唠叨这么多。祝开心。

这封信言辞恳切，内容概括成一句话就是：如果我选在一线城市读书，未来的出路一定会更好吧？

于是，我写了一封回信：

你必须做一种选择。选择是一个让人很痛苦的东西，但如果沉溺在选择中，你就会忘记选择真正的意义。当你开始选择的时候，你就会有走向这条路却无法选择另一条路的痛苦。

大学的时候选专业，会犹豫说：学会计吧，多枯燥；学文学吧，找工作又困难。现实和理想，几乎没有妥协路线。

找工作的时候也犹豫：找薪水高的吧，太辛苦；轻松的吧，赚的钱又不够用。

挑老公的时候还会犹豫：爱我的吧，我没有激情；我爱的吧，以后又难对我千依百顺。然后，生孩子时仍会犹豫：男的吧，长大了还得给他准备房子；女的吧，长得不好看，嫁不出去怎么办？

未来的不确定性带给现在太多困扰，而现在的困扰让你现在都没有气力去为未来奋斗。有时候，其实无须太过担忧未来，唯一需要做的就是“把现在做好”。

就你的问题而言，“一线城市读书，未来一定会更好”只是一个虚无缥缈的假设。如果你因此而未在“现在”付出努力，那这种假设就会实现。

但是，如果你假设“未来想在中西部地区发展，西安是一个可以大展宏图的地方”，或者是“我现在已经比别人落后一步了，我更要加倍努力”，这样的话，你的人生会变得完全不同。

我的回信想表达这样一个观点：未来不是只有一种假设、一种选择，做好现在，才是最好的选择。

人生是一次长跑，暂时的落后和领先都不算什么

每个人都有在各种时段的痛苦和挣扎。有的人是高考失利，看到往日的同学开开心心地去学校报到，而自己却要在复读班里继续过一年高三生活；有些人是失恋，为什么别人的爱情幸福、甜蜜，即将走入婚姻，而我的爱情却苦涩、纠结；有些人是工作，辛苦奋斗了5年，同班同学混得都比我好。

我想说的是，人生是一次长跑，暂时的落后和领先都不算什么。

我小时候有一个青梅竹马的男同学，我爹妈一直打算拿我换他回家。他小时候长得非常英俊，成绩不是一般的好。总之，他当时是所有家长期待的那种完美小孩。我小时候对他又嫉又恨又羡慕，感情很复杂。

小学三年级的时候，他转学离开我们那个工厂子弟学校，去了当时市里最好的学校。然后，不断听闻他这个考试第一，那个比赛第一。

后来就和他失去了联络，我也回上海读书了。高考的时候，听说他是以全省第五名的成绩进入医学院就读的。我在大二暑假的时候回去过一次，我们在一起玩，听他说种种做医生的梦想，非常向往。那时候，他还是很帅，有一个漂亮的音乐学院拉小提琴的女朋友。他非常刻苦，我记得当年他在学校的作息是每天5点起床，跑步1万米，然后去图书馆看书，晚上12点前睡觉。他曾跟我说过，医生是他终生的梦想，他要以百般的努力来保护这个梦想。

后来，我们的熟人圈子里有人传言他疯了，不知道是神经病还是精神病，总之退学养病去了。听到这个消息的时候，我大哭了一场。

当时写了一篇日记：完蛋了，这么天才而优秀的人毁了，他一生都不可能再实现当医生的梦想了。

我刚工作的时候，见过他一次。那时候，他又黑又胖，完全失去了以前的轮廓，据说是药物激素的结果。他已经不能做医生了，但凭着以前学医的底子，他在做医药销售，来问我看看有什么路子。

当然，让我最伤心的，不是他外形的改变，而是他的那种市侩气息。我又写了一篇日记，大意是造化弄人，一个天才的医生竟然变成了一个庸俗的推销员。

再后来，听说他的药卖得不错，攒了一些钱，结婚生子过得很幸福。

又听说他创业做了一个跟糖尿病有关的网站。有一次，他见到我的时候，说起各种病人的症状和不同药品的疗效，眼中有着当年他跟我说要当医生时的光彩。

那时候，我才真正欣慰起来。我知道，他以另一种方式实现了他当年的梦想。

他的故事让我明白，人生真的是一次长跑，起起伏伏在所难免。

时间是一把利器，如果你不是一直努力的话，它就会把你曾经的优势消磨掉，让你再一次跟众人站在同一条起跑线上。

但是，时间也会让你曾经的劣势消失，如果你肯用时间来累积所有对梦想有益的因素。

人生是一条长路，在半路的时候，你会看见你前面有人，或者后面有人。如果你休息的时间太长，后面的人就会追赶上来。但是如果你加倍努力，前面的人也会被你超越。

人生是一次长跑，暂时的落后和领先都不算什么。

年轻人梦想实现指南

有一部日剧叫《打工仔买房记》（又名《打工仔的梦想房》），看完第一、第二集后，我就明白这部剧为什么会火了。经济衰退的日本大环境，越来越多的年轻人无法找到工作。即便找到一份工作，也往往觉得无法跟自己的才华和兴趣相匹配。好一点儿的，在公司里混着过日子；差一点儿的，一气之下辞职，然后再找工作，再辞职，恶性循环。

这是一个普遍的社会现象，并不仅仅在日本会这样，在中国也是非常普遍的。虽然国内现在经济大环境还不错，但是当年轻人面临自己的第一份工作，面临社会很多深浅不一的灰色地带时，难以适应是大多数人所共同面对的问题。

男主角在第一家公司工作 3 个月后就辞职了，原因很简单，他不适应跟上司的应酬和虚伪的人际关系。接着，他开始打零工，典型的思维是这样的："你这破单位（你这破工作、你这破薪水、你这破领导），还指望我努力？"

我不想做剧透专家，总之最后男主角彻底转变了，找到了正式工作，找到了漂亮的女朋友。在我看来，最大的收获是他的心态转变了。

我跟暖手同学都经历过这种阶段，我们都曾经抱怨过我们所在的公司无法让我们施展自己的才华，领导不能挖掘我们的能力，就业环境多么多么恶劣之类的。

而我们现在都开始慢慢懂得，所有的收获都需要自己的付出。说别人都是“富二代”“官二代”之类的，那些都是借口。

对了，我说到了“借口”这个词。一切都可以有借口。学习不好是因为我根本不花时间，找不到工作是因为没有关系，薪水不高是因为领导喜欢马屁精，女朋友跟我分手是因为女人都是祸水。

千错万错，我们自己并没有做错，都是爹妈的错、社会的错、环境的错。

曾经有两位年轻人在我手下工作。有一位被要求搜集大型活动当天的所有媒体报道。他第二天来告诉我：地铁旁的那个报亭，已经卖完了当天所有的报纸。然后，他双手一摊，说：“没办法了呀。”另一位，也是在一个大型活动的前夕，要他发送通知短信。但那一天，我们公司的服务器坏了，无法群发短信。于是，她就用自己的手机发完了那 100 多条短信。

前一位是名牌大学的研究生，后一位是普通学校的大专生。后一位在工作上一帆风顺，一路被提拔；前一位，不久之后就离开了我所在的公司。

我听说，前一位年轻人在离职的时候，曾经向同事抱怨，说这儿的工作过于单调，不符合他的兴趣，领导也没有给予他足够的空间。但我想，他如果不改变这种心态和工作习惯，下一份工作他照样会觉得不受重视。

《打工仔买房记》的男主角从第一家公司离职之后，因为经济的压力，在工地上找了一份临时工，干体力活儿。作为一个大学毕业生，他的心理落差可想而知。不过，刚开始吊儿郎当的他，通过各种遭遇，慢慢认识到了工作的意义，了解到了脚踏实地做好每一件事才有可能施展自己的才华。

我当年做公务员的时候在团委待过，团委系统有一句很流行的话——“以作为求地位。”因为在整个政府系统里，团委的工作是针对青少年的，别的部门对团委的工作并不了解。因此，团委只有尝试做一点儿事情，把事情做出来，才会得到其他部门和领导的重视。

现在想起来，这个道理在很多地方都是行得通的。你做了什么，决定了你会拥有什么。

社会和公司都不会长久地埋没一个人的才华，因为这是一个价值交换的经济社会。除非这种才华只是你自认为的才华，而不是社会和公司认可的价值。

如果让我给出一些建议，作为年轻人梦想实现指南上的话，我会选择这些：

1. 热爱你的工作。没有任何一份工作是没有意义的，工作不仅仅是换取薪水这么简单的事情。除非真正热爱你的工作，否则你不可能做好。在这部日剧里，每天翻沙子的人，最终建成了一条高速公路。

看着它登上了全国交通地图，这就是工作对社会的意义。

2. 做好你手中的每一项工作。如果你认为自己值得更好的薪水和工作，一定要将之建立在能完全做好目前这份工作的基础上。“不积跬步，无以至千里。”做好每一件小事，哪怕这是一个破公司，相信我，因为公司（领导、同事）不好而对工作敷衍了事，受伤的只会是一个人，就是你自己。

3. 少说话，多做事。教育普及的时代，信息泛滥的时代，每个人都有权对所有的事情说三道四一番。尤其是年轻的时候，热血沸腾，那么多看不惯的事情，不说几句怎么行？相信我，只有踏踏实实地去做而不是说，才能真正改变这个世界。

这件事你真的做不了吗

你从来没有想过做发起人吗？你能抓住迎面而来的机会吗？你想过选择人生的第三条道路吗？是否认为自己没有天分，你就放弃了努力呢？这些事，可能都是你没有尝试过的事，但这些事你真的做不了吗？也许用开放的心态，努力多做尝试，就能为自己开拓出一个全新的领域，得到崭新的人生经验。

为什么你从来没有做过发起人

我在读 MBA 的时候，曾经听过一堂创业课，讲课的教授来自

MIT（麻省理工学院）创业研究室。当时，我正在筹备自己的第一个公司，我问了一个对于当时的我来说很重要的问题：“怎样才能知道自己是否是一个好的创业者？”

教授的回答让我吐血，他先问：“你们家有人创业过吗？”我说没有。他又问：“你的朋友中有人创业过吗？”我想了想，好像也没有。然后，他肯定地说：“如果你身边很少有人创业，那你创业成功的概率真的很小，因为你没有主动创建一个企业的经验来源。”

当时，我气得够呛，而且也不服气：凭什么我不能是我家里的第一个，不能是朋友中的第一个，不能是那优秀的、成功的第一个呢？

后来，我屡次用这句话来激励自己，但是现在想来，教授讲的不是没有道理。

创业的人跟在企业上班的人很不一样，创业者要求独立做很多事，要面对各种突发状况和困难，再也没有背靠大企业的各种资源。做一个创业者，正如同做一个发起人一样，极其不易。

但做一个发起人也有很多好处，以下是我亲身经历的两个例子：

暖手同学自打回国以来，总觉得有价值投资观念的个人投资者很少。基于我们俩以前在互联网上的投资小圈子，我们打算做一个线下的论坛来让大家进行交流。自从冒出这个主意之后，后来的事情算是一帆风顺，很多主讲人和参与者都异口同声地说：“早就盼着有人来做这件事了。”

问题是，为什么没有人去做呢？

是麻烦吗？确实有很多组织工作，邀请人啊，通知人啊，寻找场地啊，整理资料啊，但好像也没那么麻烦。

是花费大吗？嘉宾和与会人员的交通、食宿都自理，主办者顶多也就出个场地的费用，也不至于弄得倾家荡产。

是没意义吗？我们在网上发帖不到10天，报名参加的人员就超过了100个。这么多人愿意来，就说明了做这件事有意义。而对作为发起者和组织者的我们而言，在跟志同道合的个人投资者的交流过程当中，我们找到了以前的思维盲点，学到的东西着实不少。

我有一个做商业房地产的朋友，企业不算大，仅做过几个不大的项目。有一次，他来找我聊天，说苦于无法跟同行业的大佬们学习、交流，同行是冤家啊。我问他："你有没有想过在小范围内做一个商业房地产的行业协会？你有这个发起人和组织者的身份，自然就可以去联络很多行业内的朋友。到时候，会长和主席你别做，找个行业内的大佬做。钱嘛，反正是大家凑份子。可是因为你是发起者和联络人，所有人都会跟你交情不错，你无非是多出点儿力，没事请大家吃个饭、商量个行业发展的前景什么的，相信这样对你的生意会有很多帮助。"

他听完，高兴得眉飞色舞。没多久，组织果然建立起来了。有了这个行业协会，政府那边也关注起来。朋友是主要联络人，通过向同行的学习与合作以及同政府的互动，他的生意越做越顺利了。

在上述两个例子中，发起人都得到了很多好处，可是为什么很多人从来没有做过发起人呢？

回想起来，不做发起人可能是从小就缺乏这种环境。小学的时候，班长、班干部大多是老师指定的，就算有竞选流程，也是走走形式而已；初中、高中时，大家都忙于读书；到了大学，好不容易有了社团的氛围，可是论资排辈又很严重。你若想成立一个新的社团，院系学校、学生会团委，一层层报批手续一定会把你烦到撒手不干。来到社会上，在企业里，也是对领导言听计从的人占多数。

因此，大家都缺少这种意识，当然也缺乏这种锻炼。一个企业也好，一个组织也好，从开始竖起大旗，到烦琐的组织工作，乃至后来壮大之后的管理和发展，都是我们所不熟悉的。

设想一下：如果在小学，你可以设立自己的玩具模型小组，以交换的方式换取更多玩具的使用权；在初中，你可以发起一个武侠团伙，课余跟西部牛仔队和水浒梁山队火拼；在高中，你可以号召全班同学在网上为你心仪的女生成为班花而投票。这样，如果你稍具编程知识的话，搞不好你就弄成 Facebook（脸谱）了。

如果是这样的话，我们的生活会何其丰富啊！

回到我们的主题，为什么你从来都没有做过发起人？如果你从来都没做过发起人，你怎么知道你组织的公司活动会有趣？你怎么知道你创立一个公司会遇见什么样的难题？你怎么知道你发起一个 NGO 会不会只是纸上谈兵？

为什么不做一次发起人呢？！

面对机会，你能抓住吗

我有一个朋友，就叫她 JJ 好了。我认识她是因为工作上的合作。平时，我很讨厌工作上的见面约在晚上和周末，因为不希望工作影响我正常的生活。可是，她每次都坚持约在晚上和周末。大家熟悉了之后，我才知道，其实她白天另有一份工作。

故事是这样的。她是一个很平常的女生，在上海张江一家医药公司上班，工资不算高也不算低，买个日本小车开开，接近 30 岁的时候结了婚。上天对她还不错，如果继续这样的工作和生活，未来是可以看得到的。

有一次，朋友跟她说，有个老外到中国来，问她愿不愿意陪那个老外做几天翻译。她告诉我，当时她有很多朋友都得到了这个信息，但是大部分人都觉得很无聊。大好的周末，要陪那个老外出去逛，还不见得有报酬。但是她觉得，闲着也是闲着，不如出去见识一下，权当练练英语了。

那个老外是个法国人，也是法国一个房地产代理公司的老大。他在法国把别墅和城堡卖给许多社会名流，俄罗斯石油大亨和贝克汉姆夫妇都曾是他的客户。他听闻中国经济不错，前来看看，但是对中国不熟悉，法国人的英文发音又很差，所以想找个翻译陪一下。

于是，随着那一次做翻译的机会，JJ 就成了法国人在中国的房产代理。工作不算难，偶尔参加一些活动，交换名片，然后打电话、发邮件联络一下对投资法国房地产感兴趣的人。去年，JJ 陪客户去了两次法国，都是用的公司年假。其间，成交了一套位于尼斯的别墅，也赚取了不菲的顾问费。

后来，随着业务越来越忙，JJ 就下定决心辞掉原来的工作了。不辞才怪呢，新工作比原来的工作有更高的薪水、更光明的发展前景，还有法国人在内地公司的部分股权，以及轻松、自由的工作时间。

不得不感慨 JJ 的运气不错，但也不得不说，我身边有很多跟她英语一样好的人，跟她一样聪明的人，跟她一样勤劳的人。当初，得到这个机会的人可能很多，但是只有她愿意去尝试一下。她的运气来源于她勇于尝试。再想想那些当初拒绝这个翻译机会的人，我都能看到他们痛苦、懊悔的表情。

实际上，很多人在很多时候的心态都是“多一事不如少一事”。工作上，不是自己职责范围内的坚决不干；生活中，没有眼前利益的事情肯定不做。而节约下来的那些时间呢，又放在了无用的上网、聚会和打游戏中。

我们都会遇见这样的情况：你是一个文案策划，老板却派你去做销售应该做的事。有些人会欣然接受，因为他们觉得这是一个学习的好机会，可以更了解客户的需求，对文案策划会有所帮助；而有些人则推推诿诿，他们认为这不是他们的职责。最常见的抱怨是：“你又没付我两倍的薪水，凭什么要我做分外之事？”

这就是面对机会的不同态度。实际上，有些工作，虽然不是你的职责，但是如果做了，你可能会学到很多新的东西，接触到新的人群。说不定就有机会让领导发现你另一方面的才能，甚至像 JJ 那样，步入一个新的领域。

面对各种机会，就是要以开放的心态，尝试、尝试、尝试。当然，你面对的不一定都是机会，但只要多尝试，机会一定会来敲门的。

没有天分，就无法成为天才吗

是不是一个人天生越聪明，他就能取得越高的成就？是不是没有天分，就无法成为天才？

我认识范差不多 8 年了。刚认识他的时候，他并不是很起眼。虽然他长得很高，但穿着很普通。他不太擅长言辞，每到公众发言的时候总是只能说一两句。他不太有幽默感，大家插科打诨的时候，他也不太能插进话去。他好像不太关心娱乐八卦、小道消息。有时候，我们聊蔡康永、小 S，他都没听说过。

我所接触的这群人里面，有一些是非常耀眼和出众的。他们虽然年龄都不大，但是思维非常活跃，眼界又开阔，加上自己手上有些事业，因此“明星式”的人物非常多。这当中，范只能算中等人才，但他确实是让我最敬佩的人。我常在家里跟暖手同学谈起他，说起他这些年的变化。

记得有一次，我们一群人在聊《非诚勿扰》。他没看过，所以也插不上话。不过，他问了《非诚勿扰》是什么节目，然后就看见他仔细记录在手机上。这不是第一次了，他是我见过的唯一一个在日常会话中留心记笔记，然后回家做功课的人。

我看到他能越来越多地融入大家的话题，慢慢知道了所有我们知道的五花八门的东西。

再说一些小事：

1. 他有自己的专职司机。不过，每次参加活动时，无论是朋友还是工作人员，他都会坚持送别人上车。如果别人没有自己开车，他会帮人家叫好车，然后送上车。直到所有的人都顺利离开，他才上自己的车。

2. 他每天 6 点 30 分起床，锻炼，然后看书。虽然公司规模不小，但应酬也绝不抽烟、喝酒。

3. 每次会议如果有他的发言，他一定事先写好稿子，然后提前几天准备。

4. 他永远都是准时的。如果是大型会议和活动，他永远提早 30 分钟以上到达会场。有时候，甚至比工作人员到得还早。早到的时间，他会协助工作人员做一些准备工作。否则的话，就自己坐着看书或工作。

5. 他是非常执着的记事本控，像我们的谈话，他觉得有趣的，都会记录在记事本上。他每天的工作都做好计划，并且安排得当。事实上，我是从认识他开始，才越来越重视记事本的功用的。

哦，忘记说了，他是 1985 年出生的。大学还没毕业就开始创业，现在企业的规模已经不小了。

他真的不算是天才型的人，但我从认识他以来，眼见着他在一步一步地努力。在平常人都不会注意的小事上，严格地要求自己。开始的时候，活动早到、送人上车这种事，大家都会觉得他似乎有些虚伪和做作。可是，我们认识 8 年了，见面也有几十次了，他每一次都用这个标准做事。所有人最后剩下的只有敬佩。

我不能说范现在有很高的成就，但是他未来的光彩夺目是可以预见的。

兴趣爱好广泛、言辞犀利、每个观点都能跳出来说个一二三四的人，现在满大街都是，但是在小事上肯用高标准要求自己的人却不多。大家似乎更愿意相信“天分”这种虚无缥缈的东西，而忽略了从小事做起，逐渐进步才能变得更好的自然规律。

我不是精英主义的信奉者。虽然不谦虚地说，我自己不能算是非常笨的人，但是我从来不迷信什么名校啊、成绩单啊，或者 IQ 指数啊。

我相信“一万小时天才理论”，我相信凡事都靠自己努力。

范同学是最好的例子。不只是可以反复练习的一些技能（例如英语、IT 技术等），就连“人际关系维护”“战略决策”这类软性技巧，也是可以通过反复练习和总结来提高的。

没有天分，其实一样可以成为天才。

痛苦和失败，都不值一提

痛苦和失败，是人生中无法回避的问题。

没有人会愿意经历痛苦，去面对失败。有些人甚至在痛苦和失败之后，一蹶不振，无法再鼓起生活的勇气。

但是，没有经历过痛苦和失败的人生是不完整的人生，痛苦让我们的人生体验更丰富，失败则是成功必不可少的伴随物。当痛苦和失败来临时，你要有十足的勇气和信心战胜它们。

你是一个悲观的人吗

被誉为“积极心理学之父”的马丁·塞利格曼（Martin E.P. Seligman），曾经拟定过一套科学的心理测试试题，目的是测试悲观和乐观在不同维度上的指数高低。这套测试在他的《活出最乐观的自己》一书中可以找到。

你是否相信好或坏的事是永久性的？

这套测试有一个维度叫作“永久性维度”。就是说，当遇见一件好事的时候，你是否认为它会长久地持续下去？而当遇见一件倒霉的事时，你是否会认为它会经常发生？

例如，你忘记了女朋友的生日，如果你选择的理由是“我不擅长记生日”，这就意味着，你对这种不好的事情的看法是永久性的，你认为它是会经常发生的。认为倒霉的事情“总是”会发生的人，自然更加悲观、更加难以恢复。

而认为好事“总是”会发生的人，自然就会更加乐观。哪怕遇见倒霉的事，也会认为这仅仅是“暂时发生的”。

一对双胞胎男孩，一个特别乐观，一个特别悲观。父母为了改变他们这种倾向，给悲观的那个男孩买了一辆非常漂亮的玩具车，而把那个乐观的男孩带到了一堆牛粪旁边。过了一会儿，父母去看他们各自的情况。在父母的想象中，玩具车一定会给悲观的男孩带来很多快乐；而面对一堆牛粪，再乐观的孩子恐怕也无法高兴起来。可是，事实正好相反。那个悲观的男孩面对着玩具车非常悲伤，他说：“这么漂亮的玩具车，很快就会被玩坏了。”而那个乐观的男孩正兴高采烈地往牛粪中间挖，他高兴地对父母说：“是不是牛粪中间藏着一个惊喜？”

你看，这就是悲观者和乐观者的不同态度。那个悲观的男孩，认为得到玩具这件好事发生的状况是暂时的，糟糕的事迟早会发生。而乐观的男孩则认为，得到牛粪这件坏事，发生的状况是暂时的，好事肯定会随之而来。

你是否觉得，某件好事（坏事）具有普遍性？

这套测试里还有一种普遍性的维度，即当事人是否认为坏事的发生是由于普遍的原因。

例如，如果你认为考试不及格的主要原因是你不像其他人那么聪明，那么就意味着你认为很多坏事是有普遍性的。你会认为因为自己不聪明，所以不但考试考不好，其他很多事情也无法做好。如果你是一个乐观者，你就会认为，考试考得不好，仅仅是因为自己这次准备得不够充分。随之而来的应对策略就是，下次准备得更充分一点儿就好了。

普遍性会让悲观或乐观的情绪弥漫开来，有时候，其实仅仅是一件小事。例如，你面试了一家公司，结果没有通过。你会悲痛地想，我果然是没有用、没有能力啊。这个公司面试没通过，肯定别的公司也不会录用我。我完了，肯定找不到工作了。这种想法，就是具有普遍性的悲观。

乐观一点儿的想法应该是：这个公司面试没有通过，肯定是因为我准备得不够充分，也可能是因为他们觉得我不太符合这个公司的文化，那我回去准备得再充分些，可能下一家公司就会录用我了。

你看，同样一件事，悲观的人和乐观的人就会有两种完全不同的反应。

你是否对未来抱有希望？

在这个测试的所有维度里，希望维度是最重要的。这也就是为什么我始终强调梦想的力量。只要未来有梦想和希望，你就会有继续坚持下去的动力。乐观者也会遭遇困难和挫折，但是他们认为困难和挫折是暂时的，以及有特定原因的，而不是永恒的和普遍的。

这是你对人生的不同态度所决定的。正如有一半水的杯子，悲观者看到的是它空了一半，所以只有半杯水；乐观者看到的是，它不是全部空的，居然有半杯水。事情的本质并没有发生改变，完全是因为人的态度不同。

从悲观转为乐观并不容易，不过请牢牢记住：当不幸来临时，你要告诉自己这个是暂时的，只是目前的这一件事，而不要对自己说“我一辈子都很倒霉，什么事都很倒霉”。当幸运来临时，你则要告诉自己“我好像一向运气都非常好，什么事都运气很好”。

为什么上天对我这么不公平

我猜想这句话你肯定常常听到，甚至常常说。以下是各种场景。

高考失败——为什么上天对我这么不公平？我这么努力，每天学习到深夜。那些以前抄我作业的人都考上了理想的大学，我却只上个二流大学，为什么上天对我这么不公平？

就职失败——为什么上天对我这么不公平？我学习成绩拔尖，而那些不如我的人却去了银行、做了公务员，有了高薪，我却只找到一个月薪 3000 元的工作，为什么上天对我这么不公平？

恋爱失败——为什么上天对我这么不公平？我对他全心全意、痴心一片，他却背着我跟别人勾勾搭搭，最后还彻底甩了我，为什么？为什么？为什么上天对我这么不公平？

香港小说家亦舒最喜欢写的几句话里，有一句便是：“果然怪起社会来。”被怪的又岂止是社会？上天也被白白拖累了好多年。

我曾经看到“霹雳虎”吴奇隆的一个访谈。主持人问他，辛苦这么多年帮父亲还债，有没有抱怨过上天、他很诚恳地回答：“有。”确实，心情低潮期，就容易怪社会，不过吴奇隆还是拼命还完了债。2011 年，终于又凭《步步惊心》焕发了事业第二春。

前几年，因为家人身体的原因，我常去医院，那里才是“上天”同学的灾难地。其实，某些病不算是大病，只是麻烦一点儿，病情容易反复。而我真的常听见这样的抱怨：“我觉得我也没做过什么坏事，为什么上天对我这么不公平？”

这位说话的病人虽然值得同情，不过我真的更愿意接近另外一个病人。他说：“哎呀，谋事在人，成事在天。比起楼下癌症病房，我们已经是太幸运的人了。相信医生，坚持下去呗。”

他们俩是差不多时间痊愈的，但是一个人收获了太多的不开心，而另一个却以感恩的心态，面对人生中的各种困难。

你自然会想到那本著名的“心灵鸡汤”——《不抱怨的世界》。抱怨只能白白消耗自己的时间和能量。如果抱怨可以改造人类、让世界和平，美国部队早就配备“F16 抱怨战斗机”和“洲际抱怨导弹头”了。可惜抱怨只能伤害自己（和那个不存在的上天），让自己永远处于 loser（失败者）的地位，期望通过得到别人的同情来让心理平衡。

好啦，别再麻烦上天了。这世界本来就不公平，那又怎样？！人生本来就是不公平的，你永远无法改变这一点。你能改变的，只有你自己的态度。面对不公平的事情，你是继续抱怨下去，还是积极面对，这会变化出不同的人生方向。

不要成为错误和失败的奴隶

我在看《津多巴时间心理学》这本书的时候，有一句话印象很深：

现在，既不是过去的奴隶，也不是未来的手段。

其中，“过去的奴隶”就是针对有一些人说的，他们把过去的错误和负担背负在自己身上，从此无法翻身。

据说，夫妻吵架最容易迸发的点就是：

丈夫本来只是多打了10分钟游戏，但妻子就说“你老是打游戏”，然后再引申到“你从来都不关心我”。

妻子本来只是买了一双漂亮的皮鞋，但丈夫就说“你真浪费”，进而引申到“你一直喜欢乱花钱”。

以偏概全，以点代面。本来都是小事，一延伸出来，就变成了巨大的矛盾。

有人喜欢不断地给自己贴标签，工作没做完，就大叫“我是拖延症重症患者”。这话虽然没有错，但是你从此这么定义死自己了，怎么可能轻易从这个阴影里走出来？本来只是拖了一个星期晚交工作报告，但因为“我总是拖延，我什么事情都拖延，我有严重的拖延症”，就把这件事情无限放大了。

这种心理暗示产生的后果是，因为自己“有拖延症”，就很自然地原谅了自己所有的问题。既不正视这个问题的存在，又不想办法积极去解决，结果就造成了不断的恶性循环。

这就是当事人把错误进行了“普遍性”和“永久性”的衍生。其实只是这次多打了 10 分钟的游戏，因为将这个问题永久化了，就变成了“你老是打游戏”，然后又将这个问题进行普遍化，就变成了“你从来都不关心我”。

只是这一次晚交了报告，而当事人就把这个问题永久化，变成“我总是拖延”，又进行了普遍化，变成“我什么事情都拖延”，然后给自己下了一个万劫不复的结论——“我有严重的拖延症”。

没有一个孩子生下来就会走路，因此，所有会走路的孩子都是摇摇晃晃站起来，摔倒，然后再站起来，摇摇晃晃走一步，摔倒，然后再站起来……经历过无数次“失败”才学会走路的。没有一个孩子因为第一次学走路摔倒了，就从此再也不肯学走路，永远趴着不动了。他们的天性中，很自然地认为，摔倒是学会走路的必要过程。如果这次摔得很痛，他们会哇哇大哭，会休息一段时间。但是，很快他们又会鼓起勇气，重新开始。

为什么当我们是孩子的时候，我们会有这样的天性，但当我们长大之后，就无法做到了呢？

所有的失败都是成功前的练习

我强烈建议大家把所有的“错误和失败”都改名叫“成功前的练习”。这样你会意识到，所有的失败都不会让你沮丧。正如小孩学习走路一样，应该从每一次摔倒中吸取经验，怎样平衡身体，怎样扶着墙壁，怎样增加腿部力量，然后一步步迈向成功。

成功，总会伴随那么多失败的经历。

有一个人大学毕业之后去应聘工作。他觉得警察不错，于是跟 4 个同学一起去面试警察的工作。结果，其他 4 个人都被录取了，他落选了。然后，他又去肯德基应聘服务生，一共 24 个人参加面试，23 个都被录取了，他又落选了。他一共应聘了 30 个工作，都没有被录取。

你会不会觉得这个人比你惨多了？你有没有想过，如果是你的话，被拒绝了 30 次之后，你是否就决定从此放弃找工作这件事情？但是他没有，经过再三努力，他终于在一个学院找到一份教书的工作。后来，他创办了全国甚至全世界最大的电子商务网站，他的名字叫——马云。

还有一个更广为人知的故事：

9 岁，母亲不幸去世；

22 岁，经商失败；

23 岁，竞选州议员，没选上，想进法学院学习，失败了；

24 岁，向朋友借钱做生意，不到 1 年就破产了，接下来足足花了 16 年，才把这笔债还清；

26 岁，结婚前夕，未婚妻因病去世；

27 岁，神经崩溃，卧床足有 6 个月；

34 岁，参加国会大选，这次又失败了；

45 岁，竞选参议员，落选了；

47 岁，竞选副总统，再次失败。

这个一辈子好似是被失败完全缠绕的家伙，就是美国第 16 任总统——亚伯拉罕·林肯。

所有的失败都并非是失败，而是“成功前的练习”，是最宝贵的经验。

有拖延症的朋友，如果你又一次延期交论文，或者是把周一该交的工作报告拖到了周五，不要归咎于“在战胜拖延上的又一次失败”，而要把它视作“又一次练习”。

练习和失败的区别在于，练习无所谓成功与否，练习是为成功做的累积，甚至是“试错”。练习这种方法不行，下次就可以试试另一种方法，一直到成功为止。喜欢用“练习”的人，对成功的信心永远不灭，而喜欢用“失败”的人，则从来都没指望过自己会成功。

一件事做得不好，实际上只是这么一件事而已。到底是谁，会给自己施加压力？都是因为“我笨”“我没毅力”“我没能力”“我不是富二代”“我有拖延症”等。

注重把眼前的每一件事做好，即便没有做好，也不用太过忧虑，下一次再做好就是了。

有一个很多人都玩过的小游戏。两块相距大约两米的木板，游戏者被要求从一块木板跳到另一块木板上。如果是在平地上，两米的距离是很容易跳过去的。可是，如果把这两块木板放到离地面十几米高的空中，游戏者就会产生很大的心理压力，从而无法完成这个跳跃过程。

其实，当你在心里对自己说“我笨”（“我没毅力”“我没能力”“我不是富二代”“我有拖延症”）的时候，你就是那个在心理上提升木板高度的人，你把一项简单的任务变成了对自己价值的考验。

成功的人，通常会经历很多挫折与不幸，但是可以迅速振作起来，因为他们把挫折、困难都视作成功的“练习”和必经之路。而失败者在失败一次之后，就会让失败作为自我价值的一个评判。例如，我肯定做不下去，我就是学不好英语，我不可能一天看一本书，我永远都不可能找到一个爱我的好男人。

如果要“成功”，怎样看待你的失败和错误，也就决定了你是否会有更好的未来。

战胜痛苦的秘方

很多人都经历过这样那样的痛苦，你叫它挫折也罢，困难也好，磨难也成。

1 岁时，第一次摔个狗啃地；

3 岁时，被别人抢去心爱的大黄蜂玩具；

7 岁时，喜欢的小女生把苹果递给了别人；

12 岁时，考了全班倒数第一；

15 岁时，因为近视从此告别了飞行员的梦想；

18 岁时，第一次表白却被人拒绝；

23 岁时，被初恋对象劈腿；

26 岁时，苦恋一个有夫之妇；

29 岁时，还没结婚；

32 岁时，突然失去亲人；

36 岁时，遭遇车祸；

40 岁时，创业失败，破产；

45 岁时，离婚，被老婆分去一半多财产，还有孩子；

53 岁时，查出癌细胞；

62 岁时，孙子夭折了；

67 岁时，儿子、媳妇们吵着逼问遗产到底应分给谁多一点儿；

……

这些可能是我，可能是你，也可能是他，所遭遇的痛苦。

当痛苦猛然袭来的时候，排山倒海，整个人会被淹没。从此几乎了无生趣，你听别人聊的那些事儿，看曾经喜欢的花儿、草儿，以及书本、影碟，都只觉得茫然。整个世界好像跟你隔了一层塑料膜，你看着外面人来人往，大家都热闹着，你只是一个人，孤独地站在塑料膜的这一边，一片可怕的寂静。

在痛苦刚开始的时候，你哭过、闹过、挣扎过。你根本不愿意相信这是事实和真相，可是没有用，残酷才是生活的真相。

我记得那一年在广州工作，工作的繁重，亲人的离世，还有孤身一人独处异地的孤独感，每日回到宾馆只能开着电视发呆。电视里热闹非凡，我却不知何去何从，连大哭一场的理由和气力都没有。别无其他，只能咬牙挺着。咬着牙挺着，用尽全身的气力。只有晚上倒在床上的时候，才会悄悄对自己说："好了，又熬过一天了。"

时间是最好的药，相信我，别无其他！

但是除了时间之外，对我而言，列一张繁重的 To do list（待办事项）也是一剂良药。

记得《卡耐基全集》里有这么一个故事：一个男人中年丧妻，他们有三四个未成年的孩子，他整日沉溺在悲伤中。有一天，他终于下决心列一张单子，上面列满了家里需要做的各类事项，如返修漏雨的屋顶等。然后，他一项一项做下去。等到清单的所列事项全部做完的时候，他终于从悲伤中走出来了。

相信我，干坐着悲伤的强度，远大于边干活边悲伤。这是因为大脑其实是个笨蛋，它不能同时容纳两件事情。当有一件事情吸引了你全部的注意力时，另一件就会悄悄隐退。刚开始的时候，要做一些单调的、重复性的工作，甚至是体力活，效果会比较好。

还有当然就是亲人和朋友的安慰了。第一次恋爱结束后，我在一周内瘦了 6 斤，每天晚上无法入睡，整夜整夜醒着。有一天，妈妈半夜躺到我旁边，抱着我，哽咽地说：“你这样让妈妈怎么办啊？”从那天开始，我慢慢恢复了。

刚开始的时候，语言安慰都无济于事，可是咬牙熬过最初的时候，你就会发现，还有许多你爱的和爱你的人。

当遭遇痛苦的时候，牢记以下三点：

1. 咬紧牙关，一天一天熬下去；

2. 多做点儿事，欺骗你的大脑；

3. 想想你爱的人。

终于有一天，痛苦好似死皮一样逐渐退去。你如同新生，甚至更为敏感。你重新觉得花是香的，草是绿的，清风拂过脸。我记得有那么一次，我路过一个垃圾堆旁边的草丛，突然看见一朵怒放的雏菊，那么美好！结果，我蹲在垃圾堆旁边哭了半小时——过路的行人纷纷侧目。

但是那一刻，我的哭是欣慰的哭，我知道我已经好起来了。

相信我，美好的那一天总会来临的。

变成乐观的超级英雄

随着“复仇者联盟”系列电影的热映，朋友们聚在一起有时候会讨论哪个超级英雄才是最厉害的。浩克力大无穷，可是常常会失控；钢铁侠有各种能力，可是燃料不足就“歇菜”了；雷神虽然是个神，不过好像对很多事情也无能为力；等等。

超级英雄可以拯救地球，虽然这些只是故事，可是你想过没有，好像没有一个超级英雄是不乐观的。他们面对的困难和问题比常人要多，但从奥特曼到蜘蛛侠，从绿巨人到蝙蝠侠，超级英雄们总是非常乐观地相信“我一定会拯救世界”。超级英雄们从来都没有因为大反派杀了他们的爹妈、掳了他们的女朋友，以及烧了他们的房子而沉迷于沮丧和自责中。

没有超能力，但是我们可以超乐观。改变对生活的态度，我们就能变成自己世界中的超级英雄。

感受生活的平淡和美

因为《那些年，我们一起追的女孩》《我的少女时代》《后来的我们》这一系列青春电影的热映，以前的朋友和同事都纷纷开始怀念、怀旧，组织了好几次聚会。昔日伙伴，在分别多年后见了面，会让人产生诸多感慨。

在校园的时候就不用说了，刚出校门后的那几年，也常常是热血沸腾的。有一个圈的朋友，当年每周末在某个茶馆聚会，打牌、聊天，想出各种花头来。但是，生活压力逐渐变大，大家纷纷结婚生子，现在已经变得渐渐疏远。圈子越来越小，话题也越来越少了。

有个朋友，职业上、薪水上都很不错。我问他，钱够用吗？他仍然回答：“不够，太不够了。”他形容“社会像一个大旋涡，你必须用力拼搏，否则就会被甩出去”。有些朋友，工作、收入只是中等，但是爱好很广泛。爱好会给他们带来乐趣，可是生活的沉重又让他们不得不备受压力。还有好端端的一个男生，被婆媳矛盾折磨得精神崩溃，吵着说要离婚、要出家、要远走高飞。

奇怪的是，至少我遇见的大多数人都觉得不快乐，或者用一句时髦的话说：“幸福感很低。”

不知为何，我自己的幸福感是很高的，可能跟我自己的选择有关。这些年来，我选择放弃了高薪的工作，因为我无法忍受没有自己的业余时间，无法忍受熬夜加班和出差。我选择创业折腾来折腾去，是因为我喜欢每天遇见新的人、新的事，而不是朝九晚五的小圈子。我选择了我喜欢的人，暖手同学带给我的是呈几何级数增长的幸福感。我们共同选择了学习投资，因为这样会给我们带来更加自由的时间和生活，让我们摆脱了仅仅依赖工作薪水的压力。

或者，更重要的是，我选择了我的人生观，那是一种阿 Q 式的哲学。这导致我内心总觉得班花也没我漂亮，才女也没我能干。每次出门见到别的杰出异性，回家还老觉得暖手同学变得更顺眼了。哪怕生病在医院，都会觉得自己没得绝症简直太有幸福感了。

老友见面后，我总是感慨无论当年多么出色的人物，如今还是都沦落为“大多数人”，各自有着自己的悲伤和欢乐。唯一不同的是，在活着的日子里，在每一天、每一小时、每一分钟里，自己所能感受到的快乐和幸福。这当然与收入有那么一点儿关系，也与你身边的人有那么一点儿关系，但更多的是你自己的选择和你所选择的标准。

我小时候看《多情剑客无情剑》，特别喜欢阿飞吃面的情节。阿飞因为一直生活在丛林里，不知道下一顿食物会何时出现，因此当他吃面的时候，总是细嚼慢咽每一根面条，“仿佛是，这每一口都将会是最后一口”。

其实也不过是一碗酱油光面而已，可是当你把它当作“最后的那一口”时，它的滋味就会特别鲜美和难忘。

就像我的那些老同学，如果细数他们已经拥有的，如喜欢的工作、富足的生活、可爱的孩子，而更少去羡慕那些自己没有的，可能就会开心和快乐许多。

但是，他们始终没有学会享受现在的每一分钟、每一小时和每一天。

他们始终没有学会像阿飞享受他的酱油光面那样，享受已经得到的一切。

吃饭的时候吃饭，睡觉的时候睡觉

从前，有一个年轻人不知道生命的意义是什么，他觉得自己活了二十几年，从来不曾感到真正的快乐。于是，他离开故乡，千里迢迢去请教一位他所崇敬的智者。

年轻人对智者说：“我是一个无法感受到快乐的人，您能帮我想个办法吗？”

“这个问题确实很困难，要想出答案，可能要花好几天的时间。”智者说，“但是我家的围墙倒了，这几天我要重砌倒塌的围墙，恐怕是没有时间静下心来思考了。”

“大师，修补围墙的事就交给我吧，您只要专心思考我的问题就好。”年轻人说。

智者答应了，于是年轻人开始挑砖头、拌水泥，每天忙得浑身酸痛。

对工程一窍不通的他，好不容易砌好了一堵墙，但大风一刮，就倒了。于是，他只好从头再做一次。第二次砌的墙虽然很坚固，却是歪的。直到第三次，他砌成了一堵又美观又坚固的墙。

这么多天的工作，终于砌出了一堵完美的墙，年轻人忍不住欣赏起自己多天来的成果。他兴奋地把智者拉出家门，告诉他墙已经砌好了。

智者说：“你不是说你从来不曾感到快乐吗？你现在非常快乐，不是吗？”

年轻人愣住了，他问智者：“请问大师，我为什么会感到快乐呢？”

“砌围墙的时候，你在想什么？”智者反问。

“我只想早点儿砌好这堵墙，其他什么也没想。”年轻人说。

智者笑了：“快乐其实就是这样，你愈呼唤它，它就愈不肯造访。但是，当你埋头努力的时候，它就不期而至了。”

正如这位智者所说的，关注当下的事情，快乐就会到来。

吃饭时吃饭，睡觉时睡觉，是最好的人生态度。不但关注现在，而且享受现在。抱有这种态度，会让你察觉生命中的能力与热情，拥抱生活中的幸福与快乐。

我希望所有22岁的女孩或者男孩，33岁的女生或者男生，44岁的女人或者男人，反正所有的人：都能享受每一次爱人的亲吻和拥抱，无论这是第几次；都能赞美每一朵花的花开和花谢，无论它多么不起眼；都能为每一个蹒跚走路的小孩和晃着屁股路过的小狗微笑。总之，享受所有你现在拥有的一切，无论以后会不会失去。

只有得到的东西，才是最好的东西

我听一个朋友讲她的一位同事，因为自小家里人烧菜不好吃，又出国多年，所以在食堂里吃到哪怕是一碗面，也会大呼“太好吃了”。我朋友说：“其实食堂的东西，你知道的，能好吃到什么地方去。”但不知为何，每次在她惊呼之后，我朋友也觉得东西好吃了许多。

《步步惊心》里，若曦对十阿哥说：“之所以怀念冰糖葫芦，那是因为很少吃，而芙蓉糕因为天天有得吃，则不觉得宝贵。如果坚持3个月不吃芙蓉糕，会发现芙蓉糕远比冰糖葫芦好吃多了。”因为这句话，十阿哥才了解到，十福晋才是他最值得珍惜的人。

我喜欢这种人生态度，其实只有得到的东西，才是最好的东西。

不妨跟自己玩玩这个游戏。假想自己是外星人，刚来到地球上（喜欢穿越的人，也可以假设你是从古代穿越到现代），看到那些习以为常的东西非常惊喜。

你的面前是一块巧克力，可是外星球和古代没有巧克力。这块巧克力虽然黑漆漆的不起眼，但是香味扑鼻，放在口中，那种慢慢融化的感觉，那种滑如丝绸围绕在你口腔中的浓郁，令人回味无穷。当你用这种心情来感受每一件事的时候，自然会感受到“幸福”两个字。

我记得曾经两周多在野外，第一次住到有热水，可以洗澡的宾馆里的那种愉悦；也记得连续熬夜加班一周，终于扑到床上的放松；记得第一次吃哈根达斯时的甜蜜；也记得第一次玩滑翔伞时，看着老鹰在我身边飞翔时感受到的自由。

我会努力去追求我的梦想，但是我不会为我暂时没有得到的东西而烦恼、困惑。相反，我会为我所有拥有的东西感谢上天。

曾经有一条微博非常流行：

我闷闷不乐，因为我少了一双鞋，直到我在街上，见到有人缺了两条腿。如果你从来没有经历过战争的危险，你已经比5亿人幸福了；如果你能吃饱，已经比8亿人幸福了；如果你有存款，你已经比92%的人幸福了！快乐就是珍惜已拥有的一切！

相信我，只有得到的东西，才最值得珍惜。

开始你的“小确幸日记”

“小确幸”，最早是由专门翻译村上春树作品的林少华发明的一个词。它意味着生活中那些微小，但是能让你非常快乐的小事件。

生活是一个长而又长的过程，不可能每天都充满各种巨大的惊喜，但是如果认真去挖掘，每天都会有让你开心的小事发生。把这些让你感动和开心的小事记录下来，你会感谢上天赐予你那么多幸福。

有一个博客叫作“1000 个美妙时刻”（1000 awesomethings.com），这个博客曾经当选为全球最受欢迎的博客。博主在开博客的时候，遭遇了人生很多不幸。他的妻子刚刚与他离婚，而他最好的朋友则陷入抑郁症，最后选择了自杀。

可是，他并没有沮丧，他决定开一个博客来激励自己，取名就叫“1000 个美妙时刻”。他记录了生活中让他快乐的很多瞬间，如“在雨中散步”“超市突然开了一个新的付费通道，结果本来排在最后一名的人迅速排到了第一位”，等等。当他记录这些的时候，他发现生活中越来越多的乐趣和快乐。

感受幸福，有一个好办法就是坚持写“小确幸日记”，每天记下 3 件让你觉得开心的事。我坚持这个习惯已经 5 年多了。刚开始时真的很难，尤其是天气不好、工作不称心、身体又有微恙的时候，简直要跟全世界都发火，哪里还有“小确幸”可以记录？但是慢慢地，我发现了生活中越来越多的乐趣，以下是最近一个月写下的“小确幸”：

午睡后起来，皮肤好滑啊，真开心；

早晨，窗台上站了一只很肥的小鸟，盯着我看了半天，它的头上有一簇红色的羽毛；

早上和嘟嘟还有双胞胎姐妹在被窝里滚来滚去，真幸福；

站在路边等暖手同学，夏天的晚风吹过来好舒服；

“携程”通知我预定的航班取消了，要延误3小时出发，结果在机场遇见了大学同学；

跟嘟嘟抢着踩枯叶，我踩到了比较大的枯叶，而且声音也比较好听；

双胞胎姐妹这段时间一直折腾去医院，这两天终于好了，在床上睡得很香，真可爱；

出差的时候，酒店居然送了我一个好大的杧果，非常好吃；

暖手同学今天发明了仓鼠的表情，笑死人了；

坐轻轨的时候看到放烟火，很漂亮；

今天吃饭，餐厅得知是朋友生日，加送了一个菜；

早上，麦当劳咖啡单点要8元，但是点超值早餐，咖啡加汉堡只要6元，所以每天买6元超值早餐，咖啡自己喝，汉堡送来不及吃早饭的同事；

今天下了场大雨，省了洗车的费用；

预计4小时完成的工作，居然2小时就完成了，庆祝；

豆瓣电台放了一首我大学时最喜欢的歌；

今天被表扬猫头鹰耳环很好看，高兴；

下雨的时候，跟暖手同学一起踩水洼儿；

楼下的栀子花开了，每天早上经过，闻着好香啊；

看到一个小孩摔倒在水洼儿里，居然就地坐着玩起水来，哈哈！

第三章

职业、学习、爱情的规划

梦想是一个遥远的东西，可能我们面对的是更加现实的问题。梦想的遥远需要现在的努力去减少距离。

有一句古话说得好：“一屋不扫，何以扫天下？”

这句话源自东汉时代的一个故事。一个叫陈蕃的少年，一心只想着他伟大的理想。有一天，他父亲的朋友来家里做客，看到屋子里一片狼狈的景象，于是问他，你为什么不把屋子弄干净啊？

陈蕃说：“大丈夫处世，当扫天下，安事一屋？”

我将来有 600 万元年薪，还不用上班，我精通七门语言，朋友遍天下，没事就环游世界。我凭什么要收拾房间啊？！

于是，他父亲的朋友就反问道：“一屋不扫，何以扫天下？”

你连自己的屋子都收拾不好，还年薪 600 万元呢，做你的白日梦吧。

提升学习能力，对理想的职业早做准备，这些都是“扫一屋”的事情。只有做好这些事情，梦想才有可能实现。

做你自己的职业规划师

如果你是在校学生，那么早点儿为自己所喜欢的职业做一些准备是值得的。如果你已经在从事自己并不十分喜欢的工作了，不用担心，跨行跳槽虽然有点儿困难，但只要你做好充足的准备，也不是无法实现的事。

我自己的职业跨度是很大的，大学学的专业是纺织品设计，毕业后考上了公务员，于是在政府里待着。觉得公务员工作不符合自己的性格，于是考上了全职的 MBA。在读书的两年间，我去了一家外资银行和两家咨询公司实习，还第一次创业，建立了自己的公司。读完书觉得自己的公司视野太小，难以做大，所以卖掉公司进入了咨询行业。在工作期间，还跟朋友一起开了两家专卖设计师作品的小店。因为咨询顾问的工作不符合自己的职业理想，终于又转到了一个非营利性的组织，全职工作。后来，我受益于理财投资，又和暖手同学感叹国人财商教育的空缺，决定创立理财在线教育网站。现在，我们已经创业 8 年了。公司发展得很快，从最初的 3 个人到现在超过 80 人，我们每天过得充实而忙碌。

从公务员到全职学生，从跨国咨询公司到本土的 NGO，从豆瓣网红到创业老板，从传统意义上来说，我的职业规划没有按照一条直线的路径，但正因为有这样丰富的经历，我才对不同背景、不同行业的公司和组织，都有了一定程度的了解。

如何做好职业规划

先从我收到的一封豆瓣邮件说起：

亲爱的水湄物语姐姐：

读了您的很多文章，受益匪浅。我还把您关于理财的文章推荐给了我的母亲。然后，她也关注您了。我真希望若干年后，我也能像您一样智慧、能干，对工作和人生都充满信心。

如今，我即将硕士研究生毕业，面临大大小小的工作面试，对很多问题还是感到困惑。第一个就是关于职业规划的。我个人对做市场营销很感兴趣，我本科和研究生的专业也与此相关，但之前没有在公司类似的部门实习过。每每面对 3 年职业规划，5～10 年职业规划这样的问题，我总是感到有些茫然。网上建议“不要说几年后要做到一个具体的什么职位，重点谈你未来对公司的贡献”。但实际上，我有几次确实遇到 HR（人力资源）要求我明确地给一个对未来几年具体职业的发展期望，我不知道该怎么说好。水湄姐姐，您有什么建议吗？

Claire

职业规划的问题，不仅仅是对应届毕业生，很多已经工作准备跳槽的人也常常面对猎头或公司 HR 提出“你的职业规划是什么”这样的问题。

国外院校都非常重视个人对职业规划的设计。我在读 MBA 的时候，也有国外的教授来讲授这方面的内容。可是，国内的院校好像只讲究专业能力，导致学生在这方面都比较迷茫。

早一点儿对自己未来的职业有计划，就可以早一点儿做准备。等到真正面对找工作、换工作的时候，你就已经“赢在起跑线上了”。

1. 职业规划第一步，要知道“我能做什么”。

除非你还在初中、高中阶段，否则你“能做什么”已经非常有局限性了（当然，我也强烈建议在初中、高中阶段就开展职业规划课程）。首先是跟你的专业相关的（已工作的人就找与你的工作经验相关的），先不用想太多跨界、跨专业的问题，而是老老实实地想“能做什么”。

从 Claire 的情况来说，她的方向很明确——市场营销方向。这样就进入了第二步。

2. 职业规划第二步，要知道“这个职业的路径是什么”。

职业路径，顾名思义，就是沿着这条路走下去，是什么轨迹。例如咨询行业，入门级是 analyst（分析员），1～2 年后升 associate（咨询顾问），2～3 年后可以升 manager（经理），3～5 年后到 senior manager（高级经理），再过 3～5 年可以做到 partner（合伙人），最后可能是资深合伙人。投行也差不多是这样，不过行业不同、公司不同，头衔名称可能略有不同。

市场营销的话，一般是市场营销人员到营销部经理，再到营销总监，然后可能是CEO，也可能是集团营销总监。

知道这个路径仅仅是知道了头衔名称，还要知道进入上升到不同头衔的大致时间、需要的能力，以及它们在不同的行业中不同的上升路径。例如在快消品行业，营销部门的势力一般都比较大，如果你在大公司有过3～5年营销部门的经验，那去略小一点儿的公司，做个营销部门经理就绰绰有余了。而在高科技行业，可能是研发部门比较重要。另外，他们的营销也主要是大客户营销，这跟快消行业所需要的营销技能是不同的。

那这些信息去哪里找呢？最简单的就是在网上找公司的JD（job description），也就是这个职位的岗位说明书，里面都比较明确和详细地说明了应聘该岗位的人应该具备什么样的条件。

还有一个办法就是与业内人士交流，术语叫“专家访谈”。不过，这个专家可以是早几年毕业的、在你目标行业内就职的师兄、师姐。如果你在职的话，可以找比较资深的上司或朋友问问。当然，如果你能通过各种关系找到相关职位的HR，了解他们在招聘的时候会看重哪些因素，那就更好了。

这个方法还有一个好处，就是有时候能够挖掘到更多的机会。例如我当年做一个项目的时候需要几个实习生，当时正好有一个小我两届的师弟来问我职业规划的事情，而且他也确实对咨询行业有兴趣，我就让他来做了那个项目。结果，因为参与了那个项目，他顺利地进入了咨询行业。

对Claire来说，如果她本科和研究生读的专业都是与市场营销相关的，那其实很容易就可以找到进入这个行业的师兄、师姐们咨询。学校里大多都有各种公司的宣讲会，也可以趁那个时候多问问从事该职业的要求。

Claire 问到的问题其实到第二步就可以解决了。她希望经过一段时间的学习，能具备营销部经理的能力，能独立规划和运营一个比较大的项目。不过，不要认准 3 年，要想万一面试你的人用了 5 年才坐上营销总监这个位置呢？也不要讲“坐上营销总监的位置”，要说“具备这种能力”。

3. 职业规划第三步，“我还能再做些什么”。

如果第一、第二步做得好的话，这时候其实你应该很明白如果应聘这个岗位，招聘的人会要求你具备什么了，然后分析自己的实际情况跟你目标职位的差距。并且，通过理论学习和社会实践去弥补这方面的差距，缺什么补什么。那么到了应聘的时候，你就有自己的优势了。

例如对于 Claire 来说，通常 HR 会问她：“你有什么与市场营销相关的经验吗？”这一点是很关键的，这个问题在 JD 里通常会被描述成“具备相关经验”。对于公司来说，招聘一个已经具备相关经验的人，当然会比招一个全无经验的人更好。

对于 Claire 来说，HR 并不一定真正要求你要有实习经历。不过，有大公司实习经历确实非常有用，来得及的话快去找一个吧。HR 要求的实际上是你的市场营销实践能力，这种能力可以在各种方面表现出来。当然，前提是你要了解这个职位的要求以及各种术语。

例如，Claire 可以说："我组织过'校园十大歌手'的比赛，我分析十大歌手赛的目标人群都是比较活泼、外向的学生，这就是市场营销基本的目标客户群分析。然后，我再针对这些目标人群新增了一些宣传手段，包括校园 BBS 发帖、微博话题等。这就是市场营销的推广手段，网络特别是社交网络的口碑营销是最热门话题。"讲到这里，HR 心里就会想，年轻人对这些新媒体的传播比较熟悉，以后公司在这块的工作她可以多参与一下。当 HR 这么想的时候，你离高高兴兴去他们公司上班已经不远了。

所以说，做好职业规划：首先要对自己有所了解，明白自己"能够做什么"；然后是对有兴趣从事的职业有所了解，明白"这个职业的上升路径是什么"；最后就是寻找两者的差距，并想办法进行弥补。

充分的准备工作

我认识很多人，对大学的专业选择一无所知，就茫然填报了高考志愿；认识很多人，对工作岗位和工作性质一无所知，就投递了简历。这是对自己极大的不负责任，更无法提高成功的概率。

无论是大学毕业刚刚就职，还是已经在工作岗位上工作几年了，思谋着换地方，在寻找一个新的工作之前，一定要做好充分的准备工作。

在准备阶段，要大量了解新岗位的知识和内容，可以找业内人士聊一聊。总之，要显得你就是这个行业、这个新公司的雇员一样。

我在读 MBA 的时候，有一位师兄为了去面试一个著名的咨询公司，准备了整整 83 页的面试问题。他的英文不够好，他就把这些问题全部写成英文，找外国同学帮忙纠正错误，然后自己全部背下来。他还找了同学反复进行模拟面试。最后不用说，他顺利地进入了那家咨询公司。

83 页的面试问题，大量的准备时间，其实面对职业规划，就应该有这样的精神。而只要有这种精神，一切困难自然就迎刃而解了。

在工作中，我有很多机会去面试别人。有时候会遇见一些人，明显什么准备都没有做过。都进入第二轮面试了，对我们公司的情况还一无所知，这种人一般我都不会录用。但我从没遇见过一个人，手中准备了 83 页我们公司的资料，对我们公司的历史和现状如数家珍。我想遇见这种人，我根本不会管他是不是拥有这个行业的背景，90% 以上概率会录用他。

相信我，在这个信息时代，83 页的公司资料并不难准备，难的是你是否真正热爱这份工作，以及愿意花力气去做准备。

实践经验非常宝贵

做好充分的准备工作已经成功了 60%，但如果要再增加一点儿成功的概率，还应该加上“实践经验”四个字。

MBA 毕业后，我进了咨询公司。面试最后阶段根本没花什么大力气，因为我已经有了在一个非常知名的咨询公司的实习经验。同时，我是我们那届咨询俱乐部的发起人和主要组织者。每次在论坛或者其他活动中遇见咨询公司的人，我都会假装以非常“内行”的语言来跟他们交流。

如果你觉得因为我是全职 MBA，有充分的时间来实习，那后来我从咨询公司换到现在非营利性组织的工作，则是因为一直以来我都非常关注这个行业，我用业余时间参与了很多这方面的工作。当有机会接触这份新工作时，我对这个行业的了解程度和我以前有类似的经验，才是我最终决定做这份工作的重要原因。

我想如果真正要去找一份喜欢的工作，一定要在前期积累这方面的知识和实践经验：如果真的想做会计，那至少去考一个资格证书，考的时候多结交跟会计工作有关的人，在会计的 BBS 里混，甚至为一个朋友的小公司做做兼职会计什么的；如果想转行做歌手，不妨先去找找有没有这方面的培训，然后参加一些歌手比赛，最好有兼职的表演经验。

总之，道理很简单，积累这个行业的经验，到面试的时候，你就不是“一穷二白”、从零开始的新人了。

这个有两方面的好处。一方面，面试你的人会觉得你已经有一些经验了，可以当“熟手”用了。更重要的是第二个方面，如果你为一份新工作可以做这么多充分准备的话，证明你非常热爱这份工作，而且在工作中将会特别勤奋和努力。第二个方面才是所有老板最看重的。

跨行跳槽为什么

做好自己的职业规划是第一步，不过有些人已经工作了，却发现自己身处的并不是真正想从事的行业，那该怎么办？

跨行跳槽通常被认为是不可取的，也是可能性不大的。以我自己的经历来说，曾经跨越过几个不同的行业。虽然对于我自己的职业路径来说，缺乏了很多累积，可能使我无法在较短的时间内做到一个较高的职位，但是我找到了自己真正喜欢做的工作，充满热情地工作着，这才是有价值的事。

很多人都不喜欢自己现在的工作，但不是每个人都需要跨行跳槽。如果你不喜欢现在的工作，那首先要分析你的不喜欢到底是由什么原因引起的。

1. 薪水太低。

如果是这个原因，可以接受，但是劝你要再三考虑。

天下没有免费的午餐，例如咨询投行固然薪水很高，但是根本没有自己的时间，压力非常大，竞争也很激烈，并不一定适合每个人。很多行业的风光，都是外行人眼里的，你要问问你的内心，看看愿不愿意为了高薪付出那些代价，而不要只把目光放在薪水上。

2. 工作没前途、没发展。

这个理由比较难接受，任何一个职业都不能说没有前途。你觉得没发展，99% 是因为你对这个行业和这个职业不够了解。建议你再多花一些时间跟行业内的人士聊一聊，找一些资料看看。每一个行业和职位都会出现顶尖人才、拿到顶尖薪水，在这个岗位上做下去未必没有前途。

3. 工作跟我个人兴趣或性格不符合。

这也是可以接受的，但是，换行是需要付出代价的。你确定你想去的那个行业就真的是你喜欢的吗？想想，再想想，找找资料查看一下，再找找行业内的人聊一聊。总之，不要轻易下决定，因为“开弓没有回头箭”。

其实对于我个人来说，选择跨行跳槽真正的理由只有一个：我喜欢那份新工作，是真的喜欢，就算薪水少、工作没前途，甚至我本人不适合，我也要去做。如果换了那份工作，我会每天跳着舞去上班。

当年，MBA 毕业后，我选择了咨询行业，薪水高固然是一部分原因，但当时我还有一个汇丰银行的 offer（录用通知），薪水其实更高一些。我选择咨询行业是因为我喜欢快速学习的工作感受，在短则一个月，长不超过半年的项目中，一个咨询顾问需要通过各种方法，迅速学习到行业的知识，了解公司的实际情况，并且从中发现问题，提出改进方案。这种快速学习知识的能力在其他任何行业都是很难得到锻炼的。

3 年后，当我认识到我再也无法忍受咨询行业的加班和出差的时候，当我认识到我真正的兴趣还是在非营利性组织和自己创业上，我毫不犹豫地拿了只有原来一半不到的薪水，来到一个非营利性组织，一切从零开始地创业。

我曾经参加过一次中国企业家的论坛。在那个会议上，很多企业界的大佬（包括瑞安集团的罗康瑞、万科的王石，以及泰康人寿的陈东升）都说，他们当年创业的时候，每天工作超过 16 小时，一点儿不觉得辛苦。那是因为，他们真正热爱这份工作。

热爱这份工作，这才是你跨行跳槽的真正原因！

当你真正明确了跨行跳槽的原因，就可以按照之前所讲的职业规划的步骤（1. 规划路径；2. 做好准备；3. 实践经验），一步一步走上跨行跳槽的道路。

学习的技巧

学习，是我们已经做了小半辈子，而且还要做以后大半辈子的事。古人说得好："学以致用。"学习的目的，除了开阔眼界、了解世界外，更重要的是能够指导自己的日常生活。

学习也会有各种技巧，了解到这一点，就能通过学习让生活发生真正的变化。

怎样读书才会有用

写完这个标题后，我觉得自己真是太功利主义了，太目标导向了。

但是，这又是一个我们必须面对的问题。实际上，这也是我一直在思考的问题。常有人跟我说："你看了那么多书啊，好有空啊！"让我满心得意，最后，他再悠悠地说一句："看这么多书，有用吗？"

暂且把读书是不是真的要有用放在一边，先让我们假定，读书就是为了答疑、解惑，大到解决我们对生命、对宇宙的疑惑，小到知道我们怎样烧水和煮饭、怎样走路和说话，如果看书真的能做到这些，那应该怎样读书才能"有用"呢？

读书其实分为指导"知"的和指导"行"的两大类，就像《如何阅读一本书》中所说的理论性和实践性的两类书。

指导"知"的，是比较理论性的书，开拓你的眼界。就像你久居大漠，突然跑到了海南，看到麦兜所说的"蓝天白云，椰林树影"，不免惊奇加惊叹，感受到生命的丰富。指导"行"的，则是实用技巧类的书。就像你第一次做蛋炒饭，看了烹饪书，就知道不能把生米放进锅里。

可是在读书人中，却总有这两派的对峙。重"知"的人，对每天阅读一本书的人说，有本事你每天读一本类似《纯粹理性批判》《罗马帝国衰亡史》这样的书试试。这摆明了就是对实用主义的不屑。但重"行"的读书人，则会觉得另一方"空谈误国"。

从我个人的角度来说，我是更重"行"的，但只行而不知，如舍本逐末、一叶障目。就像现在这么多流行的时间管理类的书，强调要高效利用时间。重"行"的人日夜研读技巧，但是有没有想过为什么要管理时间呢？单位时间做的事情真的越多越好吗？人生目标在哪里？如果方向错了，岂不是“在错误的道路上努力跑步”吗？

而只“知”不“行”，真的是“空谈误国”。除非是专业学者，否则一个只能在沙漠生活的人，拼命看热带雨林里树木种类的书有什么意义呢？看这些是否真能在生活上解决什么疑惑，就只有天晓得了。

解决了分类问题，还要解决一个问题，即无论是指导“知”的书，还是指导“行”的书，我们怎样才能把书上的知识变成自己的呢？

我不知道有多少人看书永远都是只看一遍，我想应该有不少人这么做，尤其是从学校出来，扔掉教科书之后。我不知道多少人看书是从来不做笔记的，我想大概也不在少数。

最后一点是，我不知道多少人看书能够看到什么特别有道理或“有用”的地方，是按书上所写实践过。我想大概更不在少数。

拿我自己来说，除去打发时间的休闲书，对于我认真看的书，我都是做笔记的。就拿《如何阅读一本书》来说，我大概看过 5 遍，做过 3 次笔记。做读书笔记不是书摘，而应该用自己的思维逻辑把作者的知识和想法重新阐述出来。这样，这本书已经不再是作者的了，而变成我的一部分知识。

我的笔记是在纸上做的，然后扫描进电脑存档。使用思维导图的结构，黑笔是摘抄，重点的用一支艳紫色的笔画出来。最重要的是，我会用大红色的笔写一点儿我当时感受的内容，或者是我以后会用的地方。

例如，我曾经看过一本书叫《口渴之前先挖井》，是讲人际关系的建立和维护的。我用黑色笔写的笔记，当中有一条“为你的人际关系网络建档”，然后再用红笔写了我的行动计划：“建档啦！本周先初步建档，每年为朋友的礼物留预算。”根据这个行动计划，我现在有一个电子版的通讯录，记录了各位朋友的生日和他们的重要时刻。

这就是把书上得到的知识与自己实际经验结合的例子。这类指导“行”的书，能够联系自己的实际，真正改变自己的行为，才算是对自己真正有用的书。

你现在看的这本书的很多部分，都有指导行为的内容。如果能让你结合实际，改变生活，则是我写书最大的动力。

读书要读旧书

读书要读旧书，旧书并非指破破烂烂的书，并非指波尔多 40 年陈酿，并非指昨日搬家打了 38 个喷嚏从床底翻出来的书。这里指的旧书，只指读过的书，尤其是读过的好书。

对于“读书要读旧书”这个论点，我的论据有三：其一，读旧书省事；其二，读旧书省时；其三，读旧书可以“温故而知新”。

第一点，读旧书省事，省了甄别书好坏的精力。在预备投入时间和精力看一本书之前，经纪人少不得要评估一下投入产出比。古人说“开卷有益”，那是因为古人能找到的卷少，没点儿水准的东西也不会随便往卷上刻。好不容易找到一卷，当然要开一开喽。

今人面对的是信息爆炸乃至信息污染的时代，开一卷的代价远非点击鼠标左键这么简单。如果面对一本新书，少不了要花精力先看看大家对它的评价如何，可是个人品位不同，别人说“香”的书未必正合了我这喜欢臭豆腐的人的胃口，因此大众评价只能作为参考。另外，也少不得粗粗看一下前序、后记，看看目录，看看作者名气，综合评判下来，才能决定开卷或不开卷。

这样的麻烦，旧书断然没有。读过的好书，完全省了这些麻烦。只要打开书架或者打开电脑，读过的好书就立即呈现在你面前。

第二点，读旧书绝对省时。一本几十万字的小说，初读的时候，再快的人也要用一周的业余时间，慢的则几个月都沉醉其中，而再读则少说也会节省 2/3 的时间。一本厚厚的《平凡的世界》第一部，大约 30 万字，我重读只用了半天的时间。平均每小时 5 万字的阅读速度，但凡是首次读，怎么也是不可能的。

这还是小说，一般的书就更快啦。明托的《金字塔原理》，看第一遍少说也花了我两周的时间，还照着其中的结构做了好几页 PPT。可是二读、三读，现在想起来了，每次就花 10 分钟翻一翻。

当然，最重要的是第三点，古语说得好——“温故而知新”。固然，看“新”也能知“新”，可是此“新”不同于彼“新”。一本新书，接受的新知识、新观点，大多数是作者写什么，我就知道什么。可是读旧书，容易读出书中字里行间的意味来，这一点新书不易做到。

亦舒说，她从小看《红楼梦》，几十遍了，稍微陌生一点儿的字自己就跳出来了。这一点我也有体会，《红楼梦》是我读的次数最多的书，少说也读了十几遍。刚开始的时候，沉浸在情节的铺陈、场面的豪华，言语间的精妙不易体会。读得多了，就开始留心有些地方，作者是铺陈下文；有些地方，则是春秋笔法；有些地方，前后不一致，就可能是刻版的笔误或者是后人的篡改。

“温故而知新”还表现在，由于个人的经验、见识的增长，书可能会呈现完全不同的局面。

《穷爸爸富爸爸》刚出版的时候，我很喜欢，觉得对观念上的冲击不小。再读的时候正值我准备创业的前期，这一次已经完全不同，感觉真正是金玉良言啊，句句深得我心。现在再看，滋味又完全不同，深知观念的改变固然非常重要，执行力的强弱也是关键啊。如果不是这段经历，这本书于我，不会呈现完全不同的面貌。这种体验，一方面当然是因为书本身的优秀；另一方面也是因为与过去相比，更能够体味到现在所立足的不同。

综上所述，读书要读旧书算是我读书的一大法宝了。隔段时间，我就会重新整理书橱，找出与当时心境匹配的旧书重读。我的电子书文件夹，有一个子目录就叫“值得再读的书”。

不过，需要注意的是，读旧书一定要读好书。如果是烂书，那可是越读越烂。当然，要是用一两本以前曾经读过的烂书来批判，也不失为妙方。

读书要读懒书

从小到大，我们接受的教育就是勤学苦读，并且有许多古人身体力行地做了榜样，比如“悬梁刺股”，比如“囊萤映雪”。且不说前者是体罚儿童，后者是破坏自然环境，并且容易造成近视，如果读书读到这个份儿上，不是呆子也是半个傻子了。

读书要读懒书，此话怎讲？请听我慢慢道来。

书之浩瀚，仿若星辰，你看得到的已经数不清了，看不到的，更是千千万万。“读书读旧书”固然是一个办法，可是对于没有读过的书，又该如何是好？此刻，就一定要偷懒啦。

其一是要借时间之手，筛无用书。

去读久经考验的书，也就是所谓的经典名著。经典著作之所以经典，一定有其过人之处，所以我们所要做的，只是等待时间把一切无趣、无聊、无用之书淘汰而去。

菲利普·科特勒的《市场营销》一书，中文版都已经做到第 16 版了。与我最早接触的第 5 版相比，现在的版本理论框架和思路并无大的变化，只是每一版的案例有所不同。想当年，科特勒尚未名满天下的时候，谁能知道这本书就是好书？可是只要坐等若干年，时间便能给出最好的答案。奉劝各位买书时，多看看书中写的印数几何，印刷第几次、第几版了（顺便说一句，我的《30 岁前的每一天》这本书也是再版，嘿嘿）。

管理学虽然新人新作辈出，但是大多数经典著作仍然百读不厌，时读时新。很多畅销的经管书，从《谁动了你的奶酪？》到《送给加西亚的信》，如果篇幅不长，粗粗读过也就算了，免得跟众位热衷畅销书的伙伴没有谈话的资本。但是如果篇幅巨大、费时耗力，且劝各位偷把懒。时间东去，浪淘尽，千古绝妙好书，留与懒人。

第二点，就是要借他人之手，读自己的书。

偷懒的第二点妙处，就是要借众人之力。当涉猎某一领域时，多看专家点评、名家推荐。众口固然会铄金，但是大多数情况下，大多数人评价的好书、好文，是值得一读的。这里面也会有不合自己胃口的，或者大家都是糊涂蛋的可能性，但危险系数毕竟少多了。

有机会看看书的简介和片段，书如人一般，也是有气质的。既然从一叶可以知秋，从片言中也可以看出作者的风骨，作为看与不看的依据。买书之前多看前言、后记，从一篇序言里，往往可以看见文章最精彩之处，并且言简意赅，省了多少时间和气力。

我有一本《伯罗奔尼撒战争史》，中文译者的序就写了 41 页。看完之后，整本书的背景和脉络已经了然于胸了。有了这些方法，不亚于让天下人代我读书，然后我择优读之，岂不懒哉？岂不快哉？

看懒书的第三点，是遇见实在读不懂的书，就一定要偷懒。

我看很多人读书，读得懂也读，读不懂也硬往下读，然后生吞活剥些原文，说与旁人，显得自己知识渊博、学问高深。其实不然。

我手头有一本黑格尔的《历史哲学》，几年前买的。当时被一个才子迷昏了头脑，专挑大牌的哲学家的名著狂买。看来看去，始终没有看完过 100 页。每次都是一拿起书就睡觉，好在我天性懒散，等着迷才子的劲头一过去，这书就束之高阁了。后来，先是看了几遍樊树志为复旦文科基地班一年级新生所编写的课本《国史概要》，对中国历史的脉络有了一定了解；又看了红极一时的《万历十五年》以及黄仁宇的其他作品，有了一些所谓大历史的角度，看历史觉得立意高了一些，有结构了一些；又看了一位朋友推荐的网络小说《新宋》，觉得自己开始反思一些历史事件，更将其放在历史的背景下去看待了。最近看了钱穆的《中国历代政治得失》，更觉得自己对历史有一点儿辩证的思辨能力了。前几天又翻了《历史哲学》，觉得容易多了，一路就看下去了，像看小说一样津津有味。

读书读不懂，十之八九是自身资质还未到此。正如还没长牙的婴儿，一定要啃甘蔗，结果是不仅不能品尝本来有的甘甜，还把牙床也弄坏了。最糟糕的是，从此失去对此美味的兴趣。很多人之所以越来越少读书，大抵是因为小时候喂坏了。所谓此一懒，就是不要读傻书，不要死读书，要循序渐进、水到渠成。

所以回头来看，读书要读懒书，也可以说是读书要读聪明书。

只有在书本上才能学到知识吗

我在小学二年级的时候写了第一篇关于四川乐山大佛的作文。现在想起来很俗气，无非是“那个脚掌大得能站 100 个人”，等等。但那确实是真的，跟着妈妈单位一起去旅游，我抬头仰视那巨大的身躯，手脚并用地爬上它的脚背。我看着很多人手拉着手，试图丈量它一个脚趾的长度。对于年幼的我来说，这种视觉上的巨大冲击让我非常震撼，以至于我把它统统带到了我的文字里。

从小家里给我定了不少杂志、画报，但是如果我只是看看那些，恐怕无法写出我的第一篇作文，也不会因为老师在课堂上特地表扬了我，而从此喜欢上看书和写字。

读 MBA 的时候，上一届师兄说有一个教授特别“水”。他们说：“上课就会让你做游戏，然后相互评价一下，就结束了。不用备课，也不用批作业，这个教授做得也太轻松了。”

到了真的上他的课时，我们全班都满心戒备，可是照样被他弄得欢乐满满。记得有一次，他一来就把我们分成几个小组，然后挥手让我们出发走遍整个教学中心，寻找所有设计和管理上的不合理之处。不到一小时，每个小组就起码找出六七项来，然后回来整理内容，做 PPT，上台演讲。他老人家就一直背着手，笑嘻嘻地在旁边看着，也不多做点评。

后来，我才知道这就是“体验式教学”。那位教授专业方向是人力资源管理，在业内可谓大名鼎鼎。而且，他是心理学博士出身，最明白什么样的教学体验才是让人最难忘的，才最能让知识扎实地留在心里。

在他的课堂上确实很欢乐，学生做各种互动游戏，然后让团队成员总结经验，最后相互评价，指出别的团队的不足。所有的课程内容都在自发自动中完成，如果拿教材看的话，同教材几乎完全不相干，可是每堂课的内容总会被所有的人讨论超过三天三夜。后来，我自己开培训公司的时候，他教的那些个游戏还常常被我使用，给我带来了不少收入。

在那两年的学习生涯中，国内的教授罕有这种风格，倒是国外来的教授常常使用这种办法。一个半小时的授课时间，教授讲课的时间统共不会超过 40 分钟，大量的时间是用来让我们组队相互“搏杀”。我们在物流课上玩过那个著名的啤酒公司游戏，在讲“博弈论”的时候，每个人都会在“囚徒困境”里苦苦挣扎。

如果我只看教材和参考资料的话，恐怕无法这么深刻地记住这些抽象的理论，更无法理解这种“自我思考、自我探索、自我反省”的思维过程。

说到真正学得最多和最用功的时候，想起来应该是首次创业的时候，那还是在我读 MBA 的时候，做的是一个培训公司。怎么设计产品、怎么做推广、怎么跟客户谈判、怎么做营销，问题一堆，千头万绪。经验从哪里来？埋头找资料，找有经验的人聊，还有就是通过自己的思考，小规模地试错，然后不断总结经验、不断改进，慢慢把产品做得更好，提升客户的满意度。

在这个阶段，“学”和“用”紧密结合。每一个知识点都经过学习、思考、实践、总结这四个步骤，然后真正内化为对自己有用的能力。

有一个学习金字塔，用“百度”一搜就可以看到。它把学习分为“主动式学习”和“被动式学习”两种。“被动式学习”有听讲、阅读、视听、演示。就阅读而言，学习内容的平均留存率只有 10%。而“主动式学习”有讨论、实践和教授给他人，讨论学习内容平均留存率是 50%，实践的是 75%，而“教授给他人”则高达 90%。

实践的方法，自己真正能获得的学习内容是书本阅读的 7.5 倍。而如果你写一篇博客，把自己的经验分享给他人，可能得到学习内容的 90%，是书本阅读的 9 倍。现在明白应该怎么做了吧？

以下是“以用促学”的一些方法：

1. 学习历史——就你关注的历史阶段和历史问题，写一篇探讨性的文章，放在网上让大家评论。也可以写一个穿越的小故事，假设你穿越到那个历史阶段，你会用什么眼光去看待你所遇见的历史人物和事件。

2. 学习编程——设计一个大概一个月可以完成的项目。比如一个小小的应用程序，也可以是一个网站，或者一个小游戏。

3. 学习英语——找一篇你非常喜欢的文章，或者是你工作中需要的文章，用一个月的时间把它翻译成英文，然后可以放到网上，让大家帮你寻找其中的错误。

4. 学习投资——选择几家你打算投资的上市公司，从公司业务到财务报表，做全面、详细的分析。

爱情也需要规划吗

有些人心目中的爱情就是一见钟情，是命中注定。而在我看来，爱情也需要规划。把寻找理想的对象当作生命中的头等大事，用更多的时间和精力来做好充足的准备，这才是遇见完美情人应该要做的事。

上帝只负责给你创造理想的爱人，而你要负责遇见他。

7 条实用技能告别单身贵族

我这个人是天生的八卦媒婆命，我的出发点是，促人姻缘是大功德，做上那么几件，其他的罪孽当然就会被赦免了。

闲话少说，造福单身贵族的技术，马上就出现了！

1. 增加目标对象的基数。

暖手同学曾经推荐过一本书，叫《上钩的鱼都很美》，开篇就说："首站，拜仁慕尼黑。"绝妙啊！那是能容纳几万人的地方，无论如何，统计学上的样本数扩大，在任何领域都是至理名言。老说找不到对象的人，好歹接触过 100 个异性，接触过 10 个适龄未婚、长相不"卡西莫多"的异性，从中选择两个进一步接触，再来说找不到的问题。

如果你接触的异性数量只有个位数，那找到如意郎君的比例实在堪忧。办法就是增加目标对象的基数。

2. 增加样本选择的典型性。

社会学家在 1974 年根据统计数据写了一篇论文叫《找到一份工作》，其中写道：56% 以上的人是通过个人关系找到工作的，而这

56% 中，有 55.6% 的人与被求助者是“微弱社会关系”，即他们是“偶尔”见到被求助者的。原因很简单：因为与你非常亲密的人，跟你的社交圈子是一样的，他能发现的工作机会，你早就发现了。

同理可证，如果你想寻找对象，适当“跨圈子”是很重要的。从统计学上来说，如果基数增加了，但仅仅在一个很小的范围，就不如扩大范围，基数不变有效。例如，寻找“卡西莫多”的工作仅仅在一个浙江省开展，一个省找到 100 个候选人，那就远没有在全国 10 个省市开展，每个省市找 10 个候选人来得更科学。

一般人最重要的圈子只有一个，工作的人就是“同事”，读书的人就是“同学”。想办法扩大这个领域，尤其是兴趣领域。

例如，从事金融行业的人，不妨在“喜欢投资”的圈子里想想办法，也可以主动组织一次高中同学聚会。参加户外俱乐部也是一种选择，我身边还真不乏成功案例。还有加入公益组织也是很有效的方法，我参加 JA 志愿者培训的时候，就听说有不少成功恋爱的例子。

3. 要针对目标对象集中的区域。

千万不要把力气花费在不靠谱的地方。从上一条来说，如果是以“找对象”为目的的兴趣小组，那务必要注意目标对象会不会出现。如果女生参加的是“美容俱乐部活动”，男生参加的是“皇马粉丝聚会”，那么恭喜各位，你们“注孤生”的概率大大提高了。

暖手同学做的是 IT 行业，男生数量高达 85%。他们公司附近走过一只母猫都会引起一阵喧哗，那就难怪他们公司组织羽毛球活动，我带去两个女生简直得到了公主般的待遇。如果一个男生去了我参加过的一个烹饪学习班，那他遇见的100%都是女生。既然很多男生的要求是“下得厨房”，为什么不去烹饪学习班碰碰运气呢？在日本，这可是最流行的相亲方式哦。

至于女生，好吧，我必须承认，优秀男生大多忙于工作。不过，不妨试试“理财投资小组”之类的，那里男生比例还算高。另外，联系一下你身边的高中、大学男同学看看，等他们同事聚会的时候不妨一起过去玩个三国杀什么的，说不定会遇见白马王子哦。

4.寻找“联系员”——关键人物法则。

畅销书《引爆点》中有这样一个观点：有些人，他们就是认识很多人，他们就是乐于把不同的人联系起来。教你一个简单的办法：列一个40人的朋友名单，想想跟他们最初认识的情形。你应该很容易发现，就是那么少数的几个人，帮助你认识了所有的朋友。

这些人就是“联系员”，他们就是最关键的少数人。多联系他们，想想看你小学、初中、高中、大学同学聚会的组织者，他们一定是热心且具有广泛社会关系的人。多跟他们联系，然后就等着鱼长脚，自己走上门吧！

5.制定一定的标准。

很多人回答“你想找什么样的对象”的时候，都说“投缘就好”。

我的娘，我听过这几个字的次数之多已经罄竹难书了。凡是这样回答的人，就是把所有想帮他一把的人拒之门外。

我怎么知道什么标准是你的“投缘标准”？再拜托另外一个人帮我寻找目标的时候，我怎么阐述？

你必须制定一个比较客观和明确的标准，让想帮你的人能迅速从资料库中调出合适对象的信息。

例如，我想找“25～35岁，月收入8000元以上，有一技之长，身高170cm以上，长相过得去，比较幽默的单身男生”。有了这样简单的标准，如果是金牌媒婆我登场，则立即可以调3～5个候选人出来。

6.保持一定的接触频率。

相信我，相亲成功率不高的原因之一是“一次定终身”的选择，而真正了解一个人是需要时间的。“一次定终身”的选择标准只能是外貌、收入之类的，而当你真正喜欢那个人的幽默、善良之后，你是不会那么在乎这些的。

以我说的那些“兴趣圈子”为例：烹饪班是3个月的，两周一次；户外俱乐部，大家可以相处个三五天，而且还可以继续约会；参加个法语学习班，那可能是一年……在一定频率的接触后，你可以多方面地了解一个人。即便外貌条件不是很好，你也有足够的时间来让别人了解你其他的优点。

7. 行动起来。

当然，最后一条一定是最重要的一条。有了上述 6 条，你一定会成功，但是你还差最后一步，那就是“行动起来”！自暴自弃的人很多，但那不应该是你。幸福的婚姻生活值得用任何代价去换取。很多人会制订“时间规划”“年度工作计划”“职业规划”，但是对感情却极度顺其自然。

相信我，没有任何美好是凭空从天上掉下来的，那个完美的他一定要凭你自己的力量动手把他从人群中找出来，然后捆上带回家的。制订一个幸福计划吧！今天就行动起来吧！

拒绝单身大作战

拒绝单身是需要技巧的，当然更需要正确的理念。让我们来说一下三个拒绝单身大作战的正确理念。

理念一：天下没有免费的午餐

你如果要求外貌出众，请别要求家财万贯；如果要求幽默开朗、交游广阔，请别要求“陪你的时间比陪朋友的时间多”。其实，很多拜金女子找到适合对象的概率还比较高，因为她们可以为了“有钱”而牺牲“外貌”“幽默”“专一”等很多条件。

有个很简单的方法。把你想要求的列 10 条出来，如身高 170cm 以上，月薪 8000 元以上，职业有潜力，跟你谈得来，等等。

然后呢，你挑出 3 个，只能挑 3 个哦。这是个痛苦的过程，但可以帮助你清楚地知道什么才是你真正在乎的，其他的条件都是可以放弃的。

如果你真的要求月薪 8000 元以上，很好，你甚至可以要求月薪 1 万元以上，但你可能要放弃“为人忠厚老实，不会欺负我”或“幽默开朗”之类的。

这个方法的重点就是，一定要“放弃”，而不是“降低”要求。这是一个痛苦的选择过程。

请牢记，天下没有免费的午餐，你得到了熊掌，就要放弃那条鱼。

理念二：不要因为怕当“剩女”而拒绝做“白骨精”

总体而言，“剩女”的比例要比“剩男”高，这是普遍的社会问题。女生从走向社会就开始战战兢兢，一方面，生存压力逼迫自己不断努力奋斗；另一方面，身边的亲戚、朋友又不断唠叨：“女生不要太强哦，太强嫁不出去。”

我记得一个朋友说，她宁愿年满 50 岁嫁不出去，然后坐着豪华游轮周游世界包“小鲜肉”，也不愿意 26 岁嫁人，然后上班受气，下班煮饭，抵抗小三。这是一种我欣赏的人生态度。

这个世界上，只要你足够有实力，嫁不出去人生也照样精彩。而且实际上，女生只有提高自己的实力，才能找到更好的对象。

当你月薪 2000 元时，想找月薪 3000 元的男生的困难程度，跟你月薪 2 万元时，想找月薪 3 万元的男生的困难程度是相当的。

当你月薪 2 万元时，你略放低标准，寻找月薪 1.5 万元的男生，难度则要比你月薪 2000 元找月薪 3000 元的男生低。水涨船高，不要永远把自己停留在月薪 2000 元的能力和认知上。当然，我指的不仅仅是薪水。当你的能力和视野涨到更高，你自然可以遇见更出色的男生。

理念三：不要有习惯性创伤

很多单身的大龄青年，都是因为一两次失败的惨痛经历而畏缩了。他们的临床表征就是：很难找，没遇见合适的，圈子太小了，不想早结婚，结不结婚无所谓，等等。

接下来是长长的一段沮丧期，沮丧期不去行动。但是，等过了沮丧期，年龄又更大了，想找合适的对象就更难了。

这跟找工作是一样的，本科毕业找工作难，逃避现实去读个研究生。结果，研究生毕业后，发现不但找工作一点儿都没方便，而且自己年龄也大了。

“越早行动越好”是至理名言。遇不到对的人，恋爱失败，这些都是正常的，想想概率问题吧。失败 10 次才能成功 1 次，那就千万不要在失败了 5 次的时候就停止脚步。

通过学习概率，抓捕白马王子

假设你是一个大龄女青年（大龄男青年同理可证），你得到白马王子的概率有多大呢？很低？好吧，我们就算比起妙龄少女的 100% 成功率，你现在只有 30% 的成功率好了，够低了吧。

你知道哪些因素会影响某件事的成功概率吗？

回答一：扩大基数。正确！

假设妙龄少女每周能接触到 3 个未婚适龄男性，那你如果想办法每周接触到 9 个未婚适龄男性，成功率马上上升 3 倍，达到妙龄少女的 90%。

回答二：提高单次事件概率。很好，奖励小红花！

通过准确定位、树立你的形象（外貌和个性）、适当的市场推广（找熟人找网络），你也会提高你的单次成功概率。

回答三：反复尝试（也可以算扩大基数的一种）。太好了，你已经快出师了！

通过反复尝试，降低失败率。例如，你尝试一次的成功率是 30%，尝试两次的成功率就是 51%，尝试三次的成功率是 65% 左右。

好吧，告诉我你反感了，爱情不是游戏，爱情无法理性，爱情不可能是冷冰冰的统计数据。

那对不起，我想告诉你，天下事，逃得出“概率”两个字的，还真没几件。如果你已经“大龄”了，你确实把找到白马王子当作你生活中的头等大事，那么不妨牢记这些答案，试试这些方法。

问：到哪里去找扩大基数的基数们呢？这里的“基数”，当然是

指广大靠谱的未婚男女青年了。

答案是，“基数”们去哪里，你就去哪里。去学烹饪？不靠谱！去学插花？不靠谱！哪个事业成功的优秀男士一下班就去烹饪学校的？！不是没有，不过，要寻找大概率事件。有财力的话，不要买甲壳虫，买辆 SUV（运动型多用途汽车），然后加入“车友俱乐部”，大把未婚男性等着你。

两个公司都要你去，放弃去薪水优厚的美容连锁机构，选择那个 IT 企业吧。IT 公司的男生比例有多高、有多缺爱，你想也想不到。

你从来不告诉别人你是单身，而且想找白马王子？好吧，自尊心暂且抛开吧。上帝听到了你的祈求，把你的白马王子放在了你办公室同事的七姑六婆家里，但是七姑六婆从来不知道你单身，怎么把白马王子贡献出来？！

问：怎样提高单次事件的概率？

你从来不穿裙子？从来都是短头发？好吧，赶快找个形象顾问吧，这个钱花得不会冤枉。虽然我也是不穿裙子的主儿，但各位男士教会我一件事：连续剧都是骗人的，生活中喜欢裤装多过喜欢裙装的男士屈指可数。

问：为什么要反复尝试？

概率问题我已经跟你说过了。不要因为被那些蠢男人、坏男人伤透了心，就从此放弃了。有很多事就胜在“毅力”两个字上。

第四章

财富规划——踏上财富自由之路

工作、学习和爱情，好像还少了一些什么？对了，金钱和财富。正如很多年前《编辑部的故事》里那句脍炙人口的名言：

金钱不是万能的，但没有钱是万万不能的。

金钱也应该是你人生规划的重要部分。如果你能知晓投资的秘密，就可以有更多的自由时间去追求你人生的梦想而无后顾之忧了。也可以从事一份薪水并不那么高而你真心喜欢的工作，也可以用大把的时间去周游世界。

你的梦想，需要金钱来支撑。

你为什么要有钱

为什么要有钱，好像不应该是一个问题，不过确实有很多人会说“钱对我没什么大用场”。那我们先来看看，你为什么要有钱。

很多人肯定听过渔夫和富翁的寓言。富翁劝渔夫每天努力多捕一点儿鱼，存下来的钱可以让他致富，然后就可以每天逍遥地躺在沙滩上了。渔夫说：“我现在就是这样逍遥地躺在沙滩上啊。”

这个故事估计毒害了不少人，很多人觉得，我要做这个渔夫，不用拼命追求金钱和财富，现在就过得跟富翁一样。

渔夫跟富翁真的是一样的吗？表面看起来似乎是的。富翁很自由，渔夫也很自由；富翁可以躺在沙滩上晒太阳，渔夫也可以躺在沙滩上晒太阳。但实际情况呢？渔夫为了养家糊口，每天一定要下海去捕鱼，没有一天可以例外，就算是刮台风、下大雨也得去。否则，他一家老小就得饿死。

如果鱼捕得少，他的收入就少，他就会发愁；如果鱼捕得多，市场上鱼的收购价格下降，他的收入还是少，他还是会发愁。他的钱除了养家，还要积攒起来，因为他的船过几年就要更新换代，否则无法出海。

所以，他每天的清闲只是一种假象。每天，他的清闲和自由只有这几小时而已。而且这几小时，他会一直忧虑，无法真正地休息。

就算一切都不错，他每天捕鱼赚钱，每天可以躺在沙滩上，但是有一天他老了，不能出海了怎么办？靠自己的积蓄？他根本就没有积蓄。靠儿子吗？他的儿子如果也是渔夫，恐怕也得支撑他们自己的生活。

反观富翁呢，因为以前的努力，他拥有足够多的自由。他既可以下海捕鱼，又可以躺在沙滩上晒太阳。他不怕台风和大雨，也不怕衰老，他可以随时追求自己热爱的事业。他拥有的自由，才是真正的自由。

所以，没有财富的自由，只是一种假象的自由，也是受控的自由。

你为什么要有钱？真正的原因，是追求你的梦想，实现你的人生价值。

实现人生价值？工作和事业不就是最好的方式吗？那不妨来看看我们的工作。当你从事某个行业三四年之后，就会发现一件事——每天做的工作其实都是一样的，都是在重复做那些工作，这就是工业化社会带来的弊端。对于整个社会来说，个体劳动者从事某一环节的分工几十年，有助于提高劳动效率；对于个人来说，却缺乏成就感，带来极大的疲劳感和挫折感。

而且，还有这样的问题，有一天老板或者经理跑过来拍拍你的肩膀说："小罗啊，今天这个东西帮我做好哦。"你只能苦笑了，然后加班加到晚上两三点。

其实在内心深处，有谁真正热爱加班呢？而且是被逼无奈的加班，没人会喜欢的。但是，我们为什么不得不妥协呢？因为我们受控于老板，受控于公司。就像那个看似逍遥的渔夫一样，不得不出海捕鱼。

那我们为什么会受控于他人呢？因为我们没有财富，我们等着对方发工资嘛。如果你手中有 1 亿元的话，你就可以理直气壮地跟老板说："我不做。你要做随便找人做，今天晚上我不想加班。"

我自己就是一个很好的例子。前几年，我在跨国公司从事咨询顾问的工作，薪水很高，只是每年有 11 个月都是在出差，每周的工作时间超过 80 小时。为了这份高薪的工作，我必须远离家人，无法随时跟朋友聚会，没有时间来照顾自己的兴趣爱好，更不用说追求自己的梦想了。

我终于决定结束这种生活，是因为持续几年的投资，暖手同学跟我已经有了一定的财富自由。每年，我们投资的收入已经超过了我们工作一年的薪水。这样，我可以选择从事一份薪水并不高，但是我自己非常热爱的工作。他也因为创业可以随时辞职，而不用过多考虑经济问题。

如果有一天，你实现了财富自由，你也可以不用考虑生活的压力，追求你真正的梦想。

金钱会为你带来什么

说到金钱能为你带来什么，你脑海里浮现的会是什么呢？限量的铂金包？薇薇王的定制婚纱？马力强劲的法拉利跑车？确实，这是大家普遍对金钱的印象，可是金钱能带来的还远远不止这些。比如下面的几个小故事。

2008 年 12 月 5 日，新加坡有个小姑娘过生日。当时，她的生日愿望是：希望在生日晚会上拿到 J.K. 罗琳签名版的新书作为生日礼物。J.K. 罗琳在伦敦签售新书离这个小姑娘的生日晚会不过 15 小时，于是她的父亲求助一家专业的公司进行帮助。这个公司通过遍布全球的网络，让英国伦敦的员工在《哈利·波特与死亡圣器》的首发仪式上排队，请 J.K. 罗琳签名，直接空运送到新加坡，赶上了这位小女孩晚上 6 点的生日晚会。

这是个真实的故事。在这个故事里，金钱实现的是一个孩子的生日愿望。这样一份珍贵的礼物，将会是她童年最美好的回忆之一。

第二个故事是一位在巴拿马工作的年轻人，他接到了远在中国的外婆的病危通知书。他从小是由外婆带大的，外婆希望能见他最后一面。可是，巴拿马没有到中国的直飞航班，而且也不是每天都有航班。不过，好在他是一家私人包机公司的会员。在打过电话 30 分钟之后，他已经坐上了来接他的专车。在车上，他完成了护照检查等一系列工作，专车直接开到机场停机坪。他登上了直飞中国的私人飞机，20 小时后，他已经坐在了外婆的病床前。外婆第二天就去世了，不过是在看到外孙之后，带着满足的笑容离去的。

这也是一个真实的故事。在这个故事里，金钱让这个年轻人没有留下遗憾，也实现了一位老人最后的心愿。

很多人也许会说，孩子不需要这么珍贵的礼物，老人的心愿这种事发生的概率也很低，我只需要过自己平淡的人生，金钱可能无法带给我更多。

那让我们来看看第三个故事。2002 年，凤凰卫视主持人刘海若在伦敦坐地铁时，地铁不幸出轨，刘海若脑干受伤，生命垂危。当时，伦敦的医生诊断刘海若为脑死亡。幸好当时中国政府委托某公司派出了私人飞机，把北京宣武医院三个脑科专家接到了伦敦，三人在事发 8 小时后抵达伦敦。专家组给刘海若检查了之后，觉得还是可以救治的，于是配备了医疗设备非常完善的专机把刘海若送回北京。现在，刘海若已经重新回到凤凰卫视主持节目了。

我可以告诉你，这家公司的专业服务，可以在世界任何地方进行救助。它不仅仅帮助许多国家和非营利组织在危险地域救助生命，许多世界最顶尖的富豪在生命最危急的时候，也依赖它给自己带来更多生存的希望。

所以，金钱可能会给你带来最重要的东西，那就是生命！有一句话很现实，也很无奈，但是这句话是真的："金钱就是生命。"很多时候，金钱可以买到生命。

为什么不能成为中产阶级

有些朋友可能会说，其实我不想太有钱，差不多就可以了，我只想成为中产阶级。其实，我身边不少朋友有相同的想法，比如说在会计师事务所做高级经理、年薪 60 万元的朋友，在建筑设计院做副院长的朋友。他们都跟我说过同一句话："我就想成为中国第一代中产阶级。"我的看法是很难。

为什么呢？其实在工业化时代，中产阶级很容易诞生，不过互联网时代，中产阶级恐怕如同进入白垩纪晚期的恐龙一样稀有了。

举例来说，你是某个二三线城市的歌唱家。在工业化时代，你每个月可以开四五场演唱会，门票供不应求。因为在这个不大的城市里，就你唱歌最好听，你没有竞争对手。这演唱会的收入，多多少少可以让你过上体面的生活，让你成为中产阶级。

但是到了互联网时代之后，你突然发现，演唱会开不下去了，观众逐渐减少，直至门庭冷落车马稀。为什么？因为现在大家随时可以在网上听到帕瓦罗蒂唱的歌，看到多明戈的演唱会现场。有这么多世界最优秀的演唱家，他们为什么还要听你唱歌呢?

你也许会说，现场的感受是不同的。这当然是对的，不过我相信，观众肯定没有以前那么多了。以前，你每个月可以开四五场演唱会，现在每个月只能开一场或者每两个月只能开一场演唱会了，收入大幅减少，你也一下子就从中产阶级沦为贫困阶级了。

在工业化时代，社会是分块的。地域将我们隔开，你只需要和同区域的人竞争就可以了。但是在信息化时代，整个社会趋于“扁平”，我们的竞争对手，不仅仅是我们周围的人，也不仅仅是我们生活的这一块地方的人才，更不仅仅是中国这一块地方，我们的竞争对手是整个世界。

在信息化时代，社会越来越演变成两极分化，也就是 M 型社会。你只有两种选择：一种是贫穷阶层，每天做同样的事情，因为重复性劳动生产还是要有人做的；另一种就是富人。而中产阶级，其实是一个很遥远的梦想。

投资理财可以学习吗

说起投资理财，有一个很有趣的现象。

生活中，如果想要理发，你会去上美发店找理发师，要求高一点儿的，还要美发店的首席发型师，一般人都不会自己给自己理发。

如果你没有驾照，你现在急着要去和朋友吃饭，你会叫出租车，有条件的话会雇一个司机开车。

装修的时候，我们依赖设计师，造路、造桥需要工程师，算账需要会计师，去医院看病你肯定不会找没有医师执照的人。

这一切都是因为我们信任专业度，相信长时间的学习和实践所积累、拥有的专业技能。

但是很奇怪的是，在投资这件事上，很多人都觉得自己很擅长。不论是从事什么行业，不论是什么国籍，很多人都觉得投资并不是一件困难的事。因为无论是买保险、买基金还是买股票，很多人都是想也不想，直接自己做决定。

在长投学堂（我跟暖手同学建立的网站），我们请学员做的第一次作业就是，请介绍一下你的投资经验。

在这里面，我们看到了太多的例子，都是："同事劝我买 ×× 基金，我就买了。""几年前，周围的亲戚、朋友都在炒股，所以我也买了股票，买哪一只完全是看报纸上推荐的。"……

投资真的有这么简单吗？看他们的成绩就知道了。这些因为同事、同学怂恿，或者是亲戚、朋友推荐而做的投资决定，大部分都是亏损出场的。

一般说来，股市上只有 20% 的人会赚钱，80% 的人都是亏损的，但是我相信在中国股市亏损的个人投资者的比例会更高。还有一个说法是"七亏二平一盈"，说的就是 70% 的人亏损，20% 的人不赔不赚，只有 10% 的人会赚钱。

投资理财亏钱了，这怪谁呢？其实主要是怪自己并不具备这种技能。但是，很多人却并不这么认为，他们迅速找到了另外一个理由，那就是，投资是学不会的。他们怪中国股市的政策风险大，怪庄家操纵个股，怪专家学者胡说八道。他们认为投资理财完全是一个骗局，投资理财是学不会的，没有人能够从投资中赚钱。

觉得投资理财不学就会，或者觉得投资理财永远学不会，这两种看法其实都有失偏颇。投资理财其实是一种技能，在没学会之前，当然风险很大。就如同你没学过开车就贸然上路，撞人或撞车是必然的。如果你没有经历过 7 年的医学院学习就敢随便开刀，相信也会以失败告终。然而，投资也不是学不会的，只要用足够的时间和精力，选择正确的道路，投资并不像人们所说的那么难。

富人跟穷人最大的区别是思维方式

富人跟穷人最大的区别是什么？很多人或许会回答，是有钱和没钱的差别。其实，富人跟穷人最大的差别是思维方式。如果有富人的思维方式，即便是目前暂时还没有钱，未来也一定会有的。而如果一直用穷人的思维方式，那恐怕就算是天上掉金子了，也很难一直富下去。

彩票恐怕是最直接的飞来横财了，看看这些例子吧。

2002 年，英国诺福克郡当汉姆市一名垃圾工麦基·卡罗尔购买的彩票中了 970 万英镑的大奖。一夜之间，他从一个穷小子摇身变成了亿万富翁！中了大奖后，麦基开始挥霍无度地购买豪宅、名车，寻求刺激的麦基还染上了吸毒和嫖妓等恶习。仅仅 8 年时间，他就将这笔财富挥霍一空，自己不得不重新回去做苦力活，要靠救济金生活。

2005年，英国女子温迪·格雷厄姆买彩票中了100万英镑的大奖。中奖后，温迪几乎每天都醉生梦死、花天酒地过日子。她买来最昂贵的香槟酒享受，并且开始到各大娱乐场所赌博，常常一掷千金。然而，幸运之神从此再也没有眷顾她。输得越多，就越想翻本，结果几十万英镑被她赔在了赌桌上。她只用了一年时间就彻底花光了这笔“飞来横财”，沦为一个穷光蛋，要靠英国政府的社会福利金补助才能勉强度日。

2010年11月，美国密苏里州黑泽尔伍德的一位彩票得主企图卖掉出生不久的外孙，现已被捕入狱。这名彩票大奖得主名叫Patti Bigbee，两年前购买强力球彩票中了100万美元的大奖，不过奖金早已被她挥霍一空。

英国一名男子西斯·高夫曾经获得900万英镑的乐透大奖，然而，中奖后的他辞去工作，因“生活无聊”而花天酒地，最终在2010年10月因为饮酒过度而暴毙。

根据美国某报纸统计，彩票巨额奖金中奖者，有90%的人在10年时间内会恢复到他们最开始的经济水平。这种现象也普遍存在于各个国家的彩票中奖者。这是什么原因呢？这就是典型的穷人思维导致的。

假设一下，如果你中了1000万元奖金，你会做什么？下面是典型的答案：

200 万元环游世界玩；200 万元买辆跑车，给老婆买名牌包包、名牌衣服；300 万元买个房子；100 万元孝敬父母；200 万元放在银行里吃利息。

想到玩，想到购买奢侈品，想到分掉，都是人第一本能反应，这就是典型的穷人思维。

那具有富人思维的人是怎么考虑的呢？

100 万元用来孝敬父母，20 万元用来给老婆和自己买礼物庆祝一下，剩下的 880 万元，一部分用来做低风险的债券和基金投资，一部分用来做高风险股票投资，再去赚取下一个 1000 万元。

你可以想象一下，如果这两种人是一样的起点，目前都是月薪 5000 元的小打工族，都中了 1000 万元大奖。5 年之后，具有穷人思维的人，除了在银行吃利息的 200 万元，其他的都已经花完了。而具有富人思维的人，恐怕已经赚到了第二个或者是第 N 个 1000 万元了。这就是他们的区别。

所以，要学习投资理财，首先要改变思维方式。用富人的方式去思考，把金钱当作奴隶，让它不断为你所用、为你服务。

投资理财是一种回报很高的技能

如果我们把投资理财当成一种技能来看，就可以拿另外一种技能做对比。什么呢？就是英语技能。

现在，我们至少从初中开始就要学习英语，起码要花 3 万元和 3000 小时才可能做到学会英语，口语流利，和外国人交流没有问题。学会英语这个技能之后，我们可以得到多少回报呢？

这里引入一个概念，叫作终身财富总值。

终身财富总值，就是你从大学毕业开始，每年的收入加起来，假设你不吃不喝、不花销，这辈子一共积累了多少财富。为了方便计算，我假设你的工资是线性上涨的，那只需要把你的最低收入和最高收入相加除以二，就得到了平均收入。然后把平均收入乘以 35 年，就得到了终身财富总值。为什么取 35 年？因为 25 岁开始工作，60 岁退休，一共工作 35 年。

举个例子：

大学毕业生 A：什么都没学过，刚刚踏上社会的起始工资是每月 4000 元，能够拿到的最高工资是每月 3.5 万元。这里略去计算过程，他 35 年下来的终身财富总值是 819 万元。

大学毕业生 B：大学刚刚毕业时英文非常流利，那找的工作会好很多。假设他的起始工资能涨 25%，变成每月 5000 元了，然后最高工资可以达到每月 5 万元。那 B 最后一共积累下多少财富呢？终身财富总值变成了 1134 万元，这个有 30% 的提高。花了 3000 小时和 3 万元学会英语，就能够增加终身财富 30% 左右，相当于增加了 300 万元。这是一笔很好的投资，投资自己的能力。

大学毕业生 C：他没有学过英语，在大学里，他去学习投资了。那他的工资收入和 A 一样，最低每月 4000 元，最高每月 3.5 万元。而且呢，他的投资水平不怎么样，每年平均下来只有 8% 的收益率，到最后 C 的终身财富总值有多少呢？4032 万元！比起原来的 819 万元有了 390% 的提高。

这个计算并不是很难，用一个简单 Excel 表格就能做到，而且这仅仅是年收益率为 8% 的情况。

如果年收益率达到 10% 的话，C 的终身财富总值就会达到 6341 万元，有了 6.7 倍的提高。

如果年收益率达到 15% 的话，C 的终身财富总值就会达到 20619 万元，翻了 24 倍。

为了英语这个影响你终身财富 30% 的一个技能，大部分中国人愿意花 3 万元和 3000 小时，那在投资这个能够影响我们财富 200% 到 800% 的技能上，我们花了多少钱、多少时间呢？

如何才能提高财商

智商是天生的，情商是可以慢慢培养的，那么财商应该怎样来提高呢？

提高财商的第一个方法是看书。

我自己的财商教育，就是从“穷爸爸富爸爸”系列开始的。我觉得这套书红遍大江南北真有其道理，它虽然非常简单，但是把概念讲得非常清楚。

例如，它把所有人分在四个象限里：收入完全依赖于薪水的，处于“雇员象限”（E 象限）；能够脱离打工境界，可以利用专业技能自己为自己打工的人处于“自由工作者象限”（S 象限）。这两种象限的人无法达到财富自由，占总人数的 95%。接下来是“企业家象限”（B 象限）。有一个小饭店有三四个员工，但还是需要每天起来进货、烧菜的老板不属于这个象限，他只能算是 S 象限的。而真正处于企业家象限的人，是已经拥有一个即便自己不过多参与工作，也能自由运转和赢利的企业，这才能算是财富自由。最后一个象限就是“投资者象限”（I 象限），即完全通过资本的投资来赢利，实现完全的财富自由。

这种说法彻底颠覆了我当时的财富观，也促使我慢慢考虑自己创业的事。这 10 多年来，我几乎每个阶段都会把这套书拿出来看一遍，每次都会有新的收获。另外，这套书配套的现金流游戏也非常值得一试。

提高财商还有一种方法，就是找行业内人士交流。

我在咨询公司工作的时候，面对不熟悉的行业，会使用一种叫“主题式访谈”的方法。就是确定好想要讨论的主题，然后罗列出一些问题，找到相关职业的人一一询问。“听君一席话，胜读十年书。”这些人浸淫在行业内这么多年，应该有很多旁人不及的知识。

不过需要提醒的是，投资理财这件事，冒充专家的人太多，所以给几个建议：

第一,一定要多问几个为什么。例如，你问：“你觉得投资什么好？”没准这人回答你：“投资黄金好。”那你一定要接着问：“为什么投资黄金好呢？我听说股票也不错嘛。”接着问：“为什么投资这个品种好呢？”最好问到他恼火为止。不要轻易相信结论，而要思考一个人说话的逻辑，保持独立的思考，这是学习投资理财很基本的东西。

第二,一定要多问几个人。这个人说投资黄金好，那最好再问一个人，可能另一个人会说投资基金好。问得一多，你就会发现一些观念上的矛盾了。这其实也是独立思考的体现。

第三,一定要问有实际经验的人。很多人从事的是金融行业，如银行、券商，看上去公司很大、背景很强，但他们从事的只是很复杂流程中的一个环节，道听途说的东西很多。即便是有丰富经验的投资经理，也不一定有拿自己的钱投资的经验，所以最好是找到真正在投资理财中获得益处的人。

提高财商比较便捷的方法当然是参与一些系统的课程了。

有些基金公司和银行会举办一些讲座，有些券商也会为投资者提供一些股票分析的课程。我和先生创建的长投学堂也提供这方面的服务。

系统课程的好处是能够帮助基础比较薄弱的投资者，比较全面和系统地进行提高。像长投学堂的课程，在每一课结束之后还必须写作业。如果有不明白的，还可以咨询老师，答疑解惑，加深理解。通过这样的强制方式，来使学习者能够充分地理解课程中所讲的内容，并且通过作业内化为自身的技能。

投资理财是一种能力，也是一种兴趣，对其是要投入一定的金钱和时间的。大多数人对理财投入金钱都比较理解，但是对投入时间都不了解。其实有时候，时间比金钱还要重要。

而一个人的时间花在什么地方是看得出来的。花时间看时尚杂志、逛街购物，每天练习化妆，就会越来越漂亮。花时间学习投资理财知识，每天多些思考，就会越来越有钱！

投资理财的基本技能

如果我们已经接受了“投资理财是可以学会的”这个结论，那接下来的问题就很简单了：应该如何学习呢？或者说，投资理财需要哪些基本的技能。投资理财当然是一个巨大的领域，有很多非常优秀的图书和资料。一章的短暂篇幅，只能阐述一些非常基础的内容，不过相信只要你抱有“投资理财是可以学会的”这样的信心，通过努力学习和反复实践，一定会走向财富自由的道路。

薪水高了，就有余钱了吗

我有个朋友，大学毕业后在咨询行业工作了3年，现在月薪1.5万元，在同龄人当中应该算是相当不错的了。

可是每次见面，他都感叹说，自己从来不抽烟、喝酒，可一直是

“月光光”，每个月连一分钱都剩不下，他也不知道自己的钱用到哪里去了。我当时跟他说，不妨用纸和笔或者是免费的记账软件，每次支出的时候都记录下金额和内容。就这么尝试 3 个月，然后把结果告诉我。

才记录了一个多月，他就告诉我，根据消费记录，他已经知道问题出在哪里了。他确实不抽烟、不喝酒，但是因为工作性质，经常晚上出去应酬。几次买单下来，钱就用掉不少。另外，他是一个“电子迷”和“果粉”，手机基本上是两个月一换，新的 Apple 产品和周边产品也绝不会放过。旧的电子产品不是送人就是贱价卖掉了。他还是一个动漫迷，限量版的手办买了很多。

我看了他的消费清单之后，只能半开玩笑地同他说，就他这些爱好和开销，只是“月光”，没有欠债已经算做得很好了。

很多人说，我现在月薪才不过 5000 元，还不够花呢，等到以后我月薪 1 万元了，就会有多余的钱可以用来理财投资了。

薪水高了就有余钱了吗？

我有一位女性朋友，我认识她已经 6 年了。刚认识她的时候，她年薪大概只有 5 万元。女孩子嘛，日常开销之余，买买衣服、包包也就花完了。不过，这些年她工作努力，加上运气也不错，在公司职位一路飞升。去年，她的年薪已经上升到了 50 万元。按照有些人的想法，她应该有很多多余的钱了吧？

但是，她的钱还是不够花，原因是工作。她经常出国，到了法国、意大利，名牌包包和服饰比国内便宜很多。她总觉得，这种便宜一定要占啊，结果买了一大堆平时很少会穿的衣服和戴的首饰。

年薪 5 万元，买衣服、包包全部花完。等到年薪 50 万元了，还是买衣服、包包全部花完。这是为什么？因为消费习惯是很难在短时间之内改变的，而消费欲望则是无止境的。我敢说，我这位女性朋友，就算年薪升到 300 万元，她仍然会觉得钱不够花。

想要走上财富自由之路，走上投资创富的道路，首先要能够有积蓄开始投资，这是第一步。要是没有本金的话，投资技能对你来说没有意义。

那如何存下自己的种子资金呢？其实不需要很高深的技巧，就是制定一个月收入的比例作为储蓄。如果你觉得日常开销比较多，那就把比例制定得少一些，例如 10%。如果你希望早日积攒到足够多的种子资金，就可以把比例制定得高一些，例如 40%。

要注意一点，就是千万不要每个月花剩下多少钱，才用来储蓄，而一定要制定严格的纪律，先把钱储蓄起来，剩下的再用来花销。请记住，消费的欲望是无止境的，适当控制这种欲望，是走上财富自由之路的关键点。

你知道资产和负债的区别吗

电影《天生购物狂》里有一个情节，喜欢疯狂购物常常刷爆信用卡的女主角为了克制自己的消费欲望，把信用卡冻在一大块冰里。不过，最后她还是敲碎了冰，拿出信用卡继续消费。

信用卡欠款就是一种负债，而投资理财的第一要点就是：千万不要负债！

如何不要负债，这可能需要一定的毅力和技巧，不过还需要了解的是，你知道什么是负债吗？另外，财富自由的步骤说起来也很简单，就是不断地把金钱投入资产项目。那么，什么又是资产呢？

负债和资产有时候是很容易理解的，比如说你问朋友借了1万元买新电脑，欠款肯定是负债，你欠银行的信用卡债当然也是负债。你的现金储蓄，虽然利息很少，但肯定是资产。有时候则没有那么容易理解，比如说，你住的房子在房产中介这里估值300万元，这到底算负债还是资产呢？

通过一个例子来说明什么是负债、什么是资产吧。

假设水湄从不幸病逝的远方表叔那里继承了一艘豪华游艇，而且出于对死者的尊重，我不好意思在两三年内卖出这艘豪华游艇，而且也不会给他人使用，那这艘豪华游艇算是资产还是负债呢？

很多人会说，当然是资产，因为这可是“豪华”游艇啊，值好几百万元呢。但是，让我们来仔细分析一下：

首先，豪华游艇个头肯定很大，所以一般码头是停不下的，要有专门停靠豪华游艇的码头，这种码头每月的租金就会高达几万元。其次，豪华游艇需要有人经常打扫保洁和维修保养，专业人员服务的价格也是很可观的。最后，还要学习驾驶这艘游艇，课程的费用也是很贵的。这些钱七七八八加起来，除以每年出海的次数，会远远高于租一艘豪华游艇的价格。所以说，这艘豪华游艇就是一个赔钱货。除了能满足一下我的虚荣心之外，一无是处。

负债和投资可以通过一个很简单的标准来判断：

让我们往外付钱的东西，就是负债，比如自驾的汽车和自住的房屋等。

不会让我们往外付钱，甚至能够帮我们赚钱的东西，就是资产，例如你租给别人住的房子、投资的股票等。

当然，也有更可爱的例子，以下的例子来自长投学堂的作业：

假设我有机器猫。如果这只机器猫是只很笨的机器猫，除了吃饭不知道做任何事情，只能慢慢折旧，那么它就是我的负债；如果这只机器猫本身不占任何空间，可以不依靠任何形式的能源，它的任何功能不会为我带来收益，那么它就是我的投机性资产；如果这只机器猫需要依赖一定形式的能源，比如铜锣烧（铜锣烧的价格随原料浮动），并可以为他人提供付费型业务，从而使我获得净利润，那么它就是我的投资性资产。

理财，就是永远“挑软的柿子捏”

理财的过程，就像一个不断与人性的弱点搏斗的过程。

骄傲、贪婪、愤怒、嫉妒和懒惰，这些“七宗罪”中的内容，正是我们需要正视的问题。而最好的对抗方式，就是制定严格的纪律、冷静地判断，不为蝇头小利动摇。

开始存钱的时候，纪律很重要。不要有钱了存 1 万元，没钱了再从里面拿 2000 元，工资固定的多少比例是储蓄的，一定要严格地执行，甚至无法执行的话给予自己一定的惩罚（例如，把原定的换手机计划延迟到明年）。

难吗？不难。看看那些房奴，因为怕银行把房子收回去，所以工资拿到手永远都是先还房贷。这就是变相的强制储蓄。

难吗？很难。如果你连这一点都做不到，就不用忙着整理理财知识了，在网上看看理财宝典好了。克服不了自己人性的弱点，做什么事都不会有出息。

基金定投，道理如出一辙。不过这个时候你需要对付的，还有旁人的观点。“这个基金好”“那个已经帮我赚了100%”“你傻呀，当然做股票喽，基金有屁用”“黄金一定会大涨的”……各种各样不靠谱的信息会左右你的决定。没有意志力的话，就会不断地摇摆。

正确的做法是，自己搜集资料做独立的判断。一旦确定了方向，严格地执行，直到你通过各种资料，觉得以前的方法是错误的为止。不要随便听信他人的话。他站着说话不腰疼，钱是你的，亏了他赔你吗？

如果不能为自己的行为负责的话，还是没出息啊。

现在进入股市、房产、黄金、债券以及各种各样高风险的投资领域，除了坚强的意志和独立的判断，你需要对付的还有自己的贪心。永远都有人说另一个产品更好，“20%年收益？太少！另一个30%呢”。

统计数据表明，超过80%的人都说自己比平均水准要聪明得多。按照一般逻辑，这是不可能的。每个人都觉得自己比较聪明，所以都上当了。

我最喜欢暖手同学说的一个故事：

“二战”时期，有一名德国的王牌飞行员，总共击落 800 架敌机。他在回忆录中写道，他为什么能取得如此辉煌的战绩？是因为他永远只对付菜鸟。

王牌飞行员说，从对方的飞行轨迹上，就能判断他是不是个飞行菜鸟。如果是，那就赶上去消灭他；如果不是，就赶紧溜之大吉。

不要以为自己比别人聪明，永远“挑软的柿子捏”才是硬道理！

建立数字化思维

一位网友曾经向我问过一个问题：

最近，朋友介绍了一款保险产品用于养老。我觉得还可以，大致内容如下：

本人 30 岁。现在起每年存 2 万元，存 20 年，共存 40 万元。

可以获得以下收益：

31 岁至 60 岁每年至少领 2000 元，领满 30 年；

60 岁时一次性返还本金；

60 岁后每年领 2 万元和年度分红，最长领至 100 岁，中途没领完给予身故金；

如领满 100 岁，一共可以从专属的养老金账户中累计领出 126 万元！（分红是按年收益率 6% 计算的。）

而且，春节期间买的话，还送一台 32 英寸东芝液晶电视。

我的回答是这样的：投资理财首先要有一个数学概念，合算不合算一算即知。

我用 Excel 做了个简单的表格算了一下。有两个数据可查：

1.2018 年银行 5 年期定期储蓄的基准利率是 2.75，很多银行为了业绩会上调，我们取平均数 3.06 好了（这是 20 年期的储蓄，中途无法取出，原则上利率应该比这个高很多，当然，我假设保险公司都是笨蛋，他们拿了钱只会存银行）。

2. 中国男性的平均年龄是 71 岁，如果是女性，则是 74 岁。我拿 74 岁来算。至于 100 岁，恭喜你，你已经超越了保险公司的平衡点，即很多死在 74 岁前的人把钱分了一部分给你。总之，让我们还是以 74 岁为根据吧。

每年的实际投入是 1.8 万元。嘿，你不是没听说过羊毛出在羊身上吧，你所说的每年分红 2000 元，实际上就是你的钱呀。要不你每年给我 2 万元，我每年给你 2000 元，你说好不?

30～50 岁每年投入 1.8 万元，50～59 岁零投入，60 岁拿出 40 万元（数值上即 -40 万元），61～74 岁每年拿出 2 万元（我不清楚这个分红的基数是什么，所以就用 2.1 万元核算，数值上即 -2.1 万元）。

这样，很容易在 Excel 表里列出公式来。结果是：

您老人家60岁这年，保险公司存在银行里的钱，根据复利来算，实际达到78万元。还给你40万元后，还剩38万元，之后每年付给你2.1万元，剩下部分仍然放银行吃利息。到您老人家74岁那年，保险公司还赚了23万元。

假设保险公司略微具备一点儿投资知识，年收益率达到6%，我们来看下最新数据：

您老人家60岁这年，保险公司存在银行里的钱，根据复利来算，实际达到132万元，还给你40万元后，还剩92万元。之后每年付给你2.1万元，剩下部分仍然放银行吃利息，到您老人家74岁那年，保险公司还赚了161万元。

那我们能不能假设您略具备一些投资知识，年收益率达到10%呢？从指数基金30年波动来看，不算非常难。当然，您得克服当中不要随便拿出来花，因为这是您的养老钱。

60岁那年，您账户里的钱已经达到了327万元。到您74岁那年，您账户里的钱已经达到了1243万元。100岁，让我算下，亲爱的，您的账户里有14817.66万元。嗯，大约是1.5亿元。那时候，您还在乎保险公司给的126万元吗？

写到这里，我的意思已经很清楚了。数字化思维有多么重要，一个产品经过这么一计算，合算不合算一目了然。

同样一个产品，在没有数字化思维的初级投资者看来是什么样的呢？同样也是上面讲到的保险产品。

这种保险产品的名字一般都很好听，我们姑且叫它“龙年福禄寿大吉大利险”（或者龙年福禄寿大吉大利基金，又或者是龙年福禄寿大吉大利理财产品）。条件跟上述说的一样：

1. 哇，这个名字太吉利了，龙年应该就要买龙年专用产品啊，太有彩头了。（对不起，您还是直接买龙年彩票比较吉利吧？）

2. 哇，还送 32 英寸液晶电视啊，保险公司的人说，就春节期间送，不买就没了。（我说你一年 2 万元，别说液晶电视了，就是液晶屋顶也够钱买了。）

3. 哇，银行的人说，该产品一发行，3 天已经销售 1.2 个亿了，我要赶快抢，再不抢就买不到了。（购物频道还有八心八箭完美丘比特钻石呢，最后 20 分钟抢购，麻烦你去抢那个好吗？）

4. 哇，隔壁老王前年就买了一个，同事 Susan（苏珊）也买了，这么多人买，证明这个东西是好啊。（Susan 前不久还被男朋友甩了呢，老王还跌断腿了呢，又没看你学？）

5. 哇，60 岁就可以一次性还本，以后每年领 2 万元呢，真合算！（这是有做过数学的人了，不过没有仔细算，不懂得复利，是想当然的数学。）

我可以举的例子还有很多很多，总之在一个初级投资者的心里，有太多太多的条件可以作为选择的理由，每一个还都很有道理。

其实，对于投资项目而言，要评估的往往很简单：风险、投资回报率。风险需要一定的定性分析，例如这家保险公司 30 年后会不会倒闭。但投资回报率，基本就是数字可以算清楚的了。而上述所列举的种种理由，请看看我括号里面的吐槽，仔细想想，都是站不住脚的理由。

虽然资深的投资者可能会陷入另外一些误区（例如，用太过复杂的数学模型来计算），但是对于初级投资者来说，投资中的数字化思维（量化思维），其重要性是如何强调也不过分的。几乎任何投资产品都可以通过简单的计算来解决“合算不合算”的疑问。

了解金钱增值方式，避免被忽悠

有些人觉得投资很复杂，被理财顾问一讲就头晕，什么基金、股票、债券、期货，完全听不懂。那现在我就用一个简单的故事来描述投资的不同种类。

我的分类方式主要是根据原始资金的使用和增值方式，或许不那么科学，不能涵盖所有的投资产品，但会有助于你了解你的钱是通过怎样的“流水线”来增值和贬值的。

在所有的例子中，不妨把小投同学想成是你自己，即借出钱的那一方是我——水湄，就是拿了你钱并为你进行投资的邻居。

第一大类：向很多人借钱，并作为代表把钱借给需要钱的人，赢取差额。

听上去是不是有点儿复杂？其实，银行储蓄就是最典型的类型。为什么你把钱存到银行里会有利息？这利息是从哪里来的？难道是银行金库里有印钞机多印了几张吗？

让我们来想象这样的例子：

小投同学（也就是你）把1000元借给了水湄（因为水湄承诺年底还给你1030元，年息3%），小张、小王、小李、小赵等一共10个同学也把钱给了水湄。水湄把这些钱（共1万元）又转手借给了要开饭店的A同学。到了年底，A同学还给水湄1万元本金后，又还了700元的利息（假设公司借贷利息7%），然后水湄把1万元本金还给了你和小张、小王等10个同学，同时给予你们利息300元（即30×10）。水湄还结余400元。

其实，你把水湄替换成银行、民间高利贷、小额信贷公司都是成立的。原理就是向很多人借钱，然后再把钱借给需要钱的人，以赢取差额，只是后两种向别人借钱支付的利息比较高。

关注这一类的投资项目，就是要特别关注中间人把钱都借给了谁，那些借钱的人大部分会不会还得出来，而不能只把目光放在收益上面。

例如银行储蓄，因为银行一般都借给有固定资产抵押的大型企业，还不出来的人（坏账率）比较少，因此风险就比较小。而民间高利贷，是借给那些急需用钱且投资有高额回报的个人或公司。因为没有直接的抵押，借钱人素质也良莠不齐，所以遇见大气候不好、还不出来的人（坏账率）的概率就比较高。这就直接影响到投资者的收益，甚至本金也有不保的危险。

第二大类：需要钱的人直接向你借钱。

小投同学有一天遇见了开饭店的 A 同学，A 同学说最近生意不错，但是需要多招聘人。他跟小投同学说，如果凑足 1 万元的话，他可以直接在年底还给小投同学 10700 元。小投想，合算啊，就凑了 1 万元借给 A 同学。

各类债券，包括国债、地方债、企业债，大部分都是这样的类型。借款人跳开中间人（可怜的水湄同学），而直接向投资人借款。国债是国家的借款，地方债是地方政府的借款，而企业债就是开公司的 A 同学、B 同学、C 同学的借款。

关注这一类的投资，主要是看借款人的资质。例如国债，几乎被认为是无风险的。美国国债的话，除非美国经济出现大危机，否则还不出钱的概率很小。但是，中国部分地方债的风险就比较高（可以搜索相关资料）。企业债呢，就要看企业资质好坏了。

假设一样是开饭店，A 企业债和 B 企业债，A 同学是远近出名的厨师，又很勤劳，他店里的生意很红火，只是扩大规模想借点儿钱，那就值得借。而 B 同学是开麻辣烫店，上个月刚出现原材料不新鲜被客户投诉的事情，但是 B 同学想快速扩张，因此借钱来开新店，那就不那么值得投。

A 同学和 B 同学的故事在现实世界中是很多的，因此就不能简单地看哪个收益高，而要看企业具体拿钱是做什么的，以及它的资质如何，还不出的风险有多高。

第三大类：投资人成为部分资产的所有人（也可以简单理解为“股东”），但是不参与经营。

A 同学的饭店经营得越来越好，他知道小投有个姨妈在卫生检疫局工作，因此跟小投说让他用 10 万元参股 10%。当然，如果饭店遇见卫生检疫的问题，小投就要帮忙走走门路。饭店赢利的话，小投能得到分红；但是如果饭店亏损的话，小投的 10 万元也相应地要亏损。A 同学跟小投利益共享，风险共担。

股票市场就是这样的方式。股票的优点是它不需要你的姨妈在卫生局，但它的坏处是，在这个市场里，既有 A 同学经营的发展良好的饭店，又有 B 同学经营的忽悠的麻辣烫，你必须火眼金睛，甄别好坏，选择那些你值得成为股东的公司来参与。

关注这一类投资，很简单，就是要找出那些好的公司，并且选这个公司比较便宜的时候来成为股东，而不要被某些“忽悠”骗到。

前者，比如说 A 同学饭店的旁边，市政突然要建设地铁，路有些难走，所以吃饭的人少了很多。这时候，他邀请你入股，就会以比较便宜的价格给你。你考虑了一下，觉得地铁在半年内会修好，而且会给 A 饭店带来更多客人，因此你觉得很合算，就入股了。（恭喜你！）

后者的例子比如说，最近街坊邻居都传说 B 麻辣烫供应的啤酒具有抵抗某种疾病的功能，大家蜂拥而至。因此，你想入股 B 麻辣烫的时候，B 同学开出了很高的价格。你想了一下，觉得这个啤酒太牛了，还是值得的，因此你也入股了。

第四大类：你成为该资产的所有人，并以预测未来的涨跌来赚钱（或输钱）。

A 同学的饭店供应燕窝，这次 A 同学要去印尼进货，临行前他让你也准备 100 万元买一点儿。因为他说，随着政府对燕窝采集的限制，燕窝会涨价的。你听了觉得有道理，因此就花了 100 万元让 A 同学帮你带了 100 万元的燕窝回来。

情况 A：一年之后，燕窝果然因政策限制，很难进口，因此各饭店以高价收购燕窝，你狠狠赚了一票。

情况 B：一年之后，随着环保组织抵抗吃燕窝，各饭店纷纷撤销了燕窝的菜，你的燕窝都在仓库里发霉了。

这一个大类跟第三大类不同的是，资产本身并没有通过经营来增值（例如饭店是通过对食品的加工来增值），而仅仅依靠某些外部环境的因素（例如阿拉伯地区有战争，石油价格就会大幅上涨）来使其价格波动，而投资者通过预测这些价格的波动来赚钱或亏钱。

大宗商品（包括石油、天然气、黄金、铜、黄豆、玉米）的期货市场，艺术品投资，包括房地产投资，在某种意义上都属于这一类，靠预估未来涨跌来赚钱（或赔钱）。

关注这一类的投资，则要注意你所投资的这类具体商品是依靠哪些因素来影响价格波动的。通过对这些因素的综合考虑和判断，做出你自己的投资决定。

例如，蔡康永写过一本《艺术里的金钱游戏》，讲的是艺术品投资。书中，蔡康永向外行人解释了一些影响艺术品价格的关键因素。

例如，这个艺术家的作品是否为大家所熟悉，题材和特点是否比较鲜明，艺术家所在国家是否正在经济起飞，等等。

四个大类基本讲完了，主要是希望通过这种分类，让大家了解金钱增值的方式方法。有些东西，换成是隔壁的饭店，大家都明白，为什么被所谓投资顾问一忽悠，就全晕了呢？

可能大家会问，为什么大家最近常接触的银行理财产品和基金没有出现在分类里面呢？这是因为大部分银行理财产品和基金，都是在这四种基本类型里面进行排列组合，因此除非是某种具体的产品，否则很难判断属于哪一种类型。

再以小投和水湄做例子，来讲下基金和理财产品：

小投不满足于每年 3% 的利息，可是对股票、期货什么的又搞不清楚，也没时间来弄。这时候，水湄同学就俨然以一个投资专家的身份出现了。她告诉小投："没关系，你把钱给我，我比较有空，我专门帮你研究把钱投资给 A 饭店还是 B 麻辣烫，还是 60% 的 A 饭店、40% 的 B 麻辣烫。但是，我不能白帮你，你得给我劳务费（基金管理费）。"

水湄募集来的钱可以投资第一大类，就称为货币式基金[①]；投资第二大类，就称为债券型基金；投资第三大类，就成为股票型基金；而

① 有些货币式基金可以投资债券。

把一、二、三混着投，就称为混合式基金。

用这些例子来阐述金钱增值的方式，是不是就比较清楚、明白了呢？总之，在投资的世界里，不明白的事千万不要去做。不懂不可怕，不懂装懂才最糟糕。弄明白投资背后的逻辑，精心计算风险和收益，用知识和耐心，才可能换回最后的收获。

P2P、比特币、区块链，傻傻分不清楚

作为一个做投资教育公司的创业者，我和小熊从去年开始不断被人问及（很多朋友也在豆瓣、公众号平台问我）：“近几年涌现出来的投资理财平台越来越多，×× 平台靠谱吗？×× 可以投吗？”

2018 年春节前后，区块链这个话题又大热。有一次，我没忍住吐槽了两句，立即有人跳出来说：“你懂啥？你懂写代码吗？你懂未来吗？你懂科技吗？”

我确实不懂代码、未来和科技，但我好像懂一点点金融和人性，所以我有两点建议：

第一点：投资上，不懂的事情不要做。

长投学堂一年的用户大约是几十万计，因此这个样本可谓不小。不是这些个基数，可能你们还真难想象，二十几岁的人当中，有很多人根本不知道啥是余额宝，更不用说是货币基金、债券、可转债、股票、期货这些词了。

但同样是这批人，这些连基本的投资概念都没有的人，投资的项

目却让我叹为观止。

公众号后台有人问我投资一个电商股票交易所靠不靠谱。我搜了半天，都没有找到任何资料，只好回复他说："我真不知道。"

还有人说能不能投资上市公司。我一看，哇，前所未闻，十八线城市的一片桃树林也能上市？查了好久，也问了好多人，才发现是一个新五板的鬼玩意儿。那片桃林当作农家乐收点儿门票，连带门票，一年收入大概 200 万元吧（这是收入，不是盈利）。而该公司号称有 2000 万股流通股，每股大概卖 2 元钱。

连小说都不带这么编的，但还真有上当的。

但有人就会反驳我说："区块链这么高、精、尖的技术，各路大佬甚至各国政府都参与的，总不见得是骗子吧。"

对，我没说区块链项目都是骗子，我只是说"投资上，不懂的事不要做"。

在你告诉我你"懂"之前，麻烦先解释下以下这些术语名词：

智能合约

共识机制

非对称加密

一致性算法

用雕爷的原文说："哎呀，我的妈呀，一个赛着一个的不说人话。各种角度说区块链是人类未来，但就不说具体怎么个未来。"

好了，如果你确实可以清楚地解释这些术语名词，请记得我的第二点建议。

第二点：投资上，人多的地方不要去。

“人多的地方不要去”，一般都是家长对孩子的嘱咐，为什么呢？人多的地方是非多，容易出危险。万一有点儿什么事，你一个身高不到一米二的孩子，体重没超过 50 斤，拿什么跟那些一米八、体重 180 斤的大人拼呢？

同理可证，在追求“热门项目”这件事上，先掂量掂量自己的分量。

看看你身高多少、体重多少，再看看别人身高多少、体重多少，看看万一有啥事，拼得过别人不？

我有一认识的朋友，金融博士，还是响当当的常春藤盟校的毕业生，技术大拿，专门做金融量化研究的。2017 年投身比特币大潮，花了几十万元，亏得一塌糊涂。得出的结论是，比特币交易量比较小，资金量稍微大一些，就会引起市场异常波动。

没错，97% 的比特币掌握在 4% 的人手上，再加上没有监管机构，做庄的事远比股市来得更容易。

你一个股市上都毫无斩获的人，凭什么说一定能在比特币交易上赚到钱呢？

看看你现在说得出名字到那些热衷于区块链概念和比特币交易的大佬和大机构，绝大部分是在互联网概念中，在股票交易（IPO）

中赚到钱的人和机构。就像在赌场上，庄家能在 21 点上赢你的钱，换个牌桌，在德州扑克上还是可以赢你的钱。你凭什么认为换个牌桌就是你赢钱了？

写到这里，仔细点儿的读者可能会看到，我在这两点建议上都加上了“前缀”—— 在投资上。

也就是说，如果你想“投资”区块链项目也好，炒比特币也好，加入 ICO 也好，请牢牢记得这两点建议。

但如果你只是有兴趣关注下技术前沿，甚至以技术开发的身份加入区块链项目，那我还是很赞成的。

毕竟，现在这些区块链项目给出的薪水价格都确实高于平均水平。此时不赚，更待何时？

第五章

打败挡在梦想路上的“小怪兽”

一位像奥特曼那样的超级英雄，是通过不断打倒小怪兽来实现自己的成长的。而我们，如果要实现梦想，也要不断打败那些横在路上、阻拦我们前进的“小怪兽”。

这些怪兽有着各种各样的名字，例如：

“拖延症小怪兽”，它总是阻挠我们完成重要的工作；

“注意力涣散小怪兽”，它让我们无法集中精力专注当前的道路；

“不能说‘不’小怪兽”，让你把时间消耗在毫无意义的事情上；

“完美主义小怪兽”，看上去很美，却会让你为了追求完美而筋疲力尽；

“三分钟热度小怪兽”，则让你永远只有3分钟的热情。

面对内心的这些“小怪兽”，面对挡在梦想路上的“小怪兽”，如果我们被打败，就将永远都无法抵达梦想的终点。

站起来，用奥特曼的信心和勇气，以及一点点小技巧，来击败所有的“小怪兽”吧！

“小怪兽”一：拖延症的悲惨生活

让我们来看看小 A 同学是怎样完成她的一项工作的：

小 A 需要完成一份某品牌的广告策划案，50 页左右的 PPT，经理给了她一周的时间。

周一一大早，小 A 决定先收下周末的邮件，看看客户对这份策划案有没有什么新的意见。

打开电脑收邮件，网速太慢，她顺手就打开了朋友圈。一个好朋友不久前去巴厘岛度蜜月了，更新了照片，小 A 就看了一下。想起今年也应该安排一次外出旅游，巴厘岛看上去不错，不过只适合情侣去，是不是还有其他的地方可以选择呢？然后在网上搜索了一下，时间很快就过去了，等小 A 回过神来，已经到午饭时间了。周一下午需要参加一个会议，于是一天就过去了。

周二，小 A 决定先想一个精彩的标题，去公司资料室查了很多资料。看了一天，但是好像没有什么灵感。

周三，小 A 决定先放弃想标题，先拟定一个框架吧。她想到同事 Ann（安）好像做过一个类似的策划案，可以去问问她的意见。但是，Ann 周三休假，要周四才能上班。小 A 决定先做别的活儿，等到周四 Ann 上班之后再开始准备。

周四一大早，Ann 发给小 A 不少有用的资料，还提了一些建议。小 A 很兴奋，估计这份方案应该能在 3 小时之内完成。她觉得时间还多，上午工作时间只剩 1 小时了，不如下午一鼓作气来完成吧。

周四下午，大学同学打电话来，说准备周末聚会，让小 A 帮忙订一个好吃的饭店。小 A 打了几个电话，问了问大家的意见，决定预订一家环境幽雅，味道也不错的泰国菜。但是电话打过去，饭店说已经满座了。等到预订到了满意的饭店时，已经快到下班时间了。

周五刚上班，小 A 决定一鼓作气完成这份方案，但是一动手写就觉得 3 小时远远不够，可能需要 8～10 小时才能完成。但是，早上经理打电话来催，说下午 2 点跟客户开会，一定要拿到打印完毕的策划案。小 A 只好七拼八凑写了一份东西，质量可想而知。

在通向我们梦想的路上，拖延症是我们最常遇见的“小怪兽”。拖延症的危害不言而喻，其实拖延症也并不是绝症啊。

5 分钟就能改变拖延

拖延症要多久才能改变？如果我说，答案是 5 分钟，你会相信吗？

怎么可能？你的第一反应一定是这样的。我书桌上有堆积如山的文件，我衣橱有乱七八糟的衣服，我拖延了 3 个月还没开始写的论文，我两年前就想做的画画计划。

其实，立即改变也很简单，拿起闹钟或者是手机，设置 5 分钟的倒计时，然后告诉自己说：“我就从现在开始，为这件事贡献 5 分钟。”

一位自称是“飞行女士”的家庭事务专家就是这么干的。面对拖

延了很久都没整理的脏乱房间，面对堆积了几十年的杂物，飞行女士说设置 5 分钟的倒计时，迅速整理出一条清洁的通道来。当 5 分钟倒计时的闹钟一响，你就可以问心无愧地结束工作了。

据飞行女士说，在她的“5 分钟拯救房间法”的帮助下，无数人都克服了对家务的拖延心理，把房间整理得井井有条。

为什么 5 分钟这么有效呢？

主要是因为有些拖延症是心理上的恐惧造成的。我们的大脑是个神奇的机器，它可以预先演习所有的情绪，并且可以把这些情绪放大。

在你考虑是否要整理房间时，你的大脑是这样工作的：

要整理房间啊？那个房间有超过 3 周没洗的臭袜子，有很多乱放的书积满了灰尘。还有那些文件，天晓得是什么时候留下的……这样整理下去，总要七八个小时吧？我今天还计划要出门看电影呢！这下完了……算了，还是不要整理了吧。

大脑预演了你面对整理房间这件事的种种畏难情绪，然后用这种放大的畏难情绪控制住了你，你只好缴械投降。

那么，再来看在“5 分钟拯救房间”的方法下大脑的工作是什么样的呢？

要整理房间啊？那个房间好乱啊！不过还好，反正只要整理 5 分钟就可以了。5 分钟，小菜一碟。可是，5 分钟整理不完啊！没关系，

反正我也整理过了。嘿，加油干啊。

看到没有，因为有一个5分钟的止损限制，你的大脑被激励了——再难也只有5分钟嘛，于是你就行动起来了。

再让我们看看5分钟之后会发生什么？5分钟之后，房间虽然没有完全整理干净，但也变得跟之前杂乱不堪不一样了。这种变化，或者说这样的胜利会完全激发你的情绪，你的大脑立即想：哇，干净很多了，才5分钟，看样子根本不需要七八个小时就能整理完房间嘛。不如再接再厉，好好整理一下吧。

通常，这样的小胜利会让你振奋精神，把这个任务继续做下去。

再来想象一下你拖延了3个月没写的论文，也用“5分钟倒计时改变法”。拿出倒计时器，设定5分钟，5分钟能干什么？可以简单写个提纲吧，于是你就用5分钟写了一个简单的提纲。“咦？”你可爱的大脑顿时活跃了，“好像没那么难嘛，我过去3个月到底是干什么去了？提纲写完之后，我感觉思路很清晰啊，不如再写一会儿吧。”

5分钟就能改变困扰你好多年的拖延症，不管你信不信。请立即拿出闹钟或手机来，设置一个5分钟的倒计时，开始改变吧！

“5分钟拖延症改变法”注意准则

当然，“5分钟倒计时改变法”也有一些需要注意的准则，这些

准则有助于振奋你的大脑来做出立即行动、立刻改变的行为。

1. 立即行动，不要思考。

某项任务之所以拖延了那么久，很多时候是因为大脑预演和放大了那种畏难情绪。而思考得越多，大脑对困难预演越多，你就越可能做出“保持原状”的决定。

所以，“5 分钟倒计时”的第一条准则就是：立即行动，不要思考。当你想到要做的时候，拿起闹钟，立即定好倒计时，然后立即开始手上的任务。反正只有 5 分钟嘛，你的大脑这样想，就会帮助你行动起来。

比如说，整理书桌上的文件。如果开始思考，你就要认真思考哪些文件怎么分类，放在哪个文件夹比较合适。光是思考这些，就足以打消你整理书桌的念头了。而立即行动，绕过大脑的障碍才是合适的办法。

2. 挑选最有成就感的部分完成。

“5 分钟倒计时”的秘诀就在于设置非常低的目标，即 5 分钟的行动。由于这种低目标是很容易达到的，在达成之后你就会有成就感，而这种成就感正是促使你改变拖延现状的重要因素。这种成就感放得越大，你就会越感觉有动力。

比如说，用 5 分钟来开始你的论文。如果只是写一点儿文字，可能只有 200 个字。你想着后面还有这么多任务，可能又打退堂鼓了。但是，如果只是写一个框架，或者罗列一下要看的书籍，你就感觉到未来有了方向，感受到了成就感。保持这种愉快的心情，为自己的小胜利加油甚至呐喊，把成就感放大，相信你会发生很大的改变。

3. 切记这只是一个开头，还需要更多的努力。

虽然“5 分钟倒计时改变法”是一个很有效的改变拖延的办法，但是也切记 5 分钟能做的事情毕竟很有限。5 分钟没办法整理好所有的文件，没办法清扫所有的房间，也不可能写出一篇论文来。

这一切只是一个良好的开始。虽然说“良好的开始是成功的一半”，不过毕竟只是一半而已，未来还需要更多的努力。正视未来会发生的困难，但也通过 5 分钟的立即行动，让大脑意识到克服这些困难并不是太难，这样你才会发生真正的变化。

以毒攻毒法

拖延？许多人的拖延就是要逃避重要的工作，所以还有一个简单易行、以毒攻毒的法子。

方法很简单，拖延症不就是拖着不干活儿吗？“以毒攻毒法”就是让你什么也不做，就这么坐在椅子上，任何事情都不要做。不要上网，也不要看手机，不要与人交流，也不要整理文件，什么都不要做，就一个人静静地坐在那里，大约 15 分钟。

我还记得我第一次体验这个方法的时候，我正面临一项任务，要写一份关于汽车零配件行业专家访谈的提纲和访谈问题。这项任务涉及大量的资料搜集工作，而我在这个行业又完全是个外行，根本无从下手。本该 3 天内做完的工作，已经拖到了最后一天。我百般责备自己的拖延，可是依然磨磨蹭蹭，写写邮件，整理整理文件，做一些无关紧要的小事来逃避这项任务。

在网上闲逛的时候看到了这个方法，我决定尝试一下。刚开始 3 分钟的时候，觉得还不错，终于是以治疗拖延症的借口，名正言顺地逃避这项任务了。时间一分一秒地过去，我想到，其实我有一个商学院的同学就在汽车公司工作，我可以打电话问问他的意见。但是，我倒计时了 15 分钟，我只能坐着，什么也不能做。接着，我觉得非常无聊，我想到我本可以用这些时间在公司内部寻找以前做过此类项目的同事来咨询一下。总之，在那 15 分钟内，我想到了各种各样的办法可以完成这项工作，可是我却不能行动。

当闹钟铃声终于响起来的时候，我立即抓起了桌子上的电话，打给那个同学。他给了我很多非常好的意见，然后我综合这些意见，写出了一个提纲，并请有经验的同事帮助修改。那天下班以前，我已经完成了全部的工作任务。

“以毒攻毒法”之所以有效，是因为在“什么都不做的 15 分钟时间内”，我们充分意识到了干坐着真是无聊和痛苦。比起这些无所事事的无聊和痛苦，完成工作似乎变得有趣起来，于是就能即刻产生行动力，拖延症也就不治而愈了。

积分奖励法

对付拖延还有一种比较有趣的方法，就是“积分奖励法”。

先让我们来说说人人都会沉迷的电脑游戏吧。我可没听说过任何电脑游戏迷说："真不想玩这个游戏，拖延几天再说吧。"为什么呢?除了画面精美、音效过人之外，游戏还有一个功能，就是积分功能，攒满一定的积分可以换取一定的奖励。很多网络游戏都是这样吧，打满 100 个小怪，可以增加体力 5 分；打满 100 个中怪，可以换取宝剑一把……游戏不断升级，打的"怪"越来越多，换的东西也越来越多，真是欲罢不能啊。

我们也可以用游戏积分的奖励方法来治疗自己的拖延症。

"积分奖励法"的步骤：

1. 找到一样可以计数的任务，并为自己设定一个目标值，努力去完成任务；

2. 达到目标值之后给予自己适当的奖励，不要花费太多哦，要不然荷包会"叫"的。

我以前考 MBA 的时候，数学是弱项，线性代数和概率在大学时代根本都没接触过，因此在数学上就设置了这样的目标：每完成 50 道练习题就给自己一个小奖励。那个时候，我记得是可以去复旦步行街上大吃一顿，然后去书店买一本喜欢的"闲书"回家看。我有一个本子专门记录我的数学习题完成情况。每道题前面都用荧光笔大大地标上一个数字，随着数字越来越接近 50，也是非常有成就感的。那种感觉，跟打小怪积分是一样一样的。

还有一位朋友为了让自己养成读书的好习惯，每看完 10 页书，就向一个大大的玻璃管里扔进一枚一元钱的硬币。他就把硬币放在书桌前，每次扔钱进去的时候，都有特别的满足感。因此，他也很快积攒了满满的一罐硬币。不用说，他的读书计划顺利地完成了。

“积分奖励法”就是以即时的满足感和小奖励，使得拖延症得到改善。

任务竞赛法

四年一度的奥运会真是让人激动万分啊，竞技体育的魅力就来自比赛。因此，治疗拖延症还有一种方法，就是跟人比赛，甚至是跟自己比赛。

“任务竞赛法”步骤如下：

1. 找到一个可以竞赛的项目；

2. 找到一个一同做这个项目的人，如果找不到这个人，自己也可以；

3. 与这个人进行比赛，并且下决心一定要胜过他！

我高中时候学农是去橘子园里，男生负责搬运橘子，而女生负责在橘子上贴标签并包装好。其实那是很枯燥的工作，现在大概都用机器替代了。当时，我旁边有个女同学，速度特别快。我就将她作为参照物了，然后默默地在心里跟她竞赛。那个专注啊，半天时间转瞬即逝，看到自己超越她的数字的时候，内心那个喜悦啊！

跟自己比也有很多例子。我记得刚工作的时候，有一个工作就是打字。那时候，领导还比较喜欢手写文稿，然后我要把文字输入电脑。这个工作挺枯燥的，也常常让我不想去做。我就想出了这个方法：每次设置一定的时间（例如 10 分钟），然后迅速打字。Word 有字数统计功能，我就知道自己 10 分钟打了多少字。

工作完后玩一会儿，再设定 10 分钟，而且争取要比之前那 10 分钟打更多的字。我记得每次开始 10 分钟任务的时候，我都会深吸一口气，然后埋头拼命打字，最后得意扬扬地在本子上记下自己的成绩。

通过这个方法，我不仅治疗了自己的拖延症，还练出一手打字的本事。后来，上网聊天、"泡"暖手同学，都靠的是这个本事。

任务竞赛法就如同参加奥运会，你是参赛选手，要为了自己的成绩拼尽全力。你看过奥运参赛选手在比赛时有拖延的吗？当然没有，所以为了最好的成绩和荣誉，你也不会拖延的。

"小怪兽"二：注意力涣散症

我是 TED① 迷，TED 在很大程度上让我认识到这个世界的变化

① TED：technology、entertainment、design（技术、娱乐、设计）的缩写。TED 是美国一家私有非营利机构，诞生于 1984 年，宗旨是"用思想的力量来改变世界"。每年 3 月，TED 大会在美国召集众多科学、设计、文学、音乐等领域的杰出人物，分享其技术、社会、人的思考和探索，等等。

是多么快。但是有一集，还是让我非常吃惊。

那一集 TED 上，研究人员展示了最新的脑电波装置。那是一个很简单的就像音乐耳机一样的设备，戴上装置的人只要集中注意力，设备就会根据你脑电波的强弱，使电脑上显示的一个物件变小变大、变远变近，甚至消失。

这个技术已经进入应用阶段了。也就是说，我们可以用我们的脑电波来控制所有的机器，包括开灯、开门，甚至是开车驾驶。

但是，当台上那个测试者的注意力没有那么集中的时候，接收装置就无法接收到他的脑电波。想想看，怎么办？在需要注意力集中才能产生脑电波的世界里，如果注意力涣散，你根本无法生存啊。

小 B 是一个电子发烧友，他喜欢各种最新的电子产品和软件，好玩的游戏总是他最早推荐给身边的朋友的。他的生活总是这样：

喜欢最新的时尚玩意儿，趁新鲜的时候玩玩，然后就束之高阁了；

新书买来之后，总是翻几页就放下了，很难读完；

中断手头的工作去回复一封电子邮件，但是在草稿箱里还有好几封写到一半的邮件；

新主意总是很多，但都只是想想而已，无法围绕新主意产生一个完整的构思。

我们身处一个信息时代，各种信息以各种方式来吸引我们的注意力。广告商们都深谙脑科学和心理学，知道什么样的画面和内容才能

法”，就是利用番茄形状的倒计时器来命名的。

2. 设置好时间，并规定好在这段时间内需要完成的工作任务。时间最好略紧一点，给自己一定的紧迫感。例如，原来通过记事本发现自己回复 10 封邮件的平均时间是 30 分钟，那就把时间设置成 25 分钟。

3. 开始工作，直到闹钟响起。

随着倒计时器上时间数字的滚动，人自然会产生紧迫感，这样就刺激了原本比较涣散的注意力。尤其是当时间过半，但是任务还未完成一半时，你就真该急了。而这种急迫感，正是我们所需要的对注意力的刺激。

很多游戏设计都有这个特性。超级老的游戏《俄罗斯方块》，上面的积木掉到底就是一种倒计时，必须在这个倒计时内通过旋转、移动来安排好它的位置。随着游戏难度的增加，积木越掉越快，也就是时间越来越少，人就感到越来越紧迫。

“倒计时工作法”在很多情况下是非常有效的。

重视休息时间

注意力涣散，还有一个很大的原因就是体力上的疲乏。你肯定有过这样的体验，在一天劳累的工作后，突然又接到一个很紧急的任务，但你怎么也无法集中注意力，这是因为身体已经发出了求救的信号。

有科学实验表明，一般人可以高度集中注意力的时间为 20 分钟，加上前面需要有 5 分钟左右进入状态，所以一般来说，把工作任务分割成 30 分钟左右是比较适合的。而在工作的间歇，一定要休息，为下一次进入工作状态打好基础。

很多人说："我可以连续工作 2 小时没有问题啊！"实际上，这 2 小时是不可能一直都集中注意力高效工作的。我曾经做过不少次试验，30 分钟工作时间后休息和放松 5 分钟，连续进行 4 次，工作效率远比连续工作 2 小时要高。

你应该做到以下几点：

1. 每个月有一个周末，通过你喜欢的方式，如郊游、聚会、看演出，进行彻底的休息和放松。

2. 每周有一天，不要做任何与工作相关的事，充分地休息。

3. 每天有 1 小时，做让你觉得放松的事，或者午睡一会儿。

4. 每小时有 10 分钟，放下手中的工作，喝口水，伸伸懒腰，眺望一下远方，或者走动一下来休息、放松。

要注意休息的方式，尽量不要再用工作的方式，也就是人们常说的换换脑子。如果工作都是在电脑上完成的，那休息时就尽量远离电脑，远离视觉的刺激，可以听听音乐，或者进行体力劳动。否则，大脑的某些特殊部位一直被持续地刺激，就无法真正得到休息。

重视休息，适当运动，才能有足够的能量保持注意力的高度集中。

“唵字诀”彻底放松头脑

现代人都是脑子动得多，身体动得少。头脑每天被大量的信息轰炸着，几乎不得片刻的休息。我们现在一天的信息量比 100 年前人类一辈子所接受的信息量还要多。就算你没有在工作，也没有看手机，随便走在路上，大幅广告牌、轰鸣的喇叭声，光电色音，无时无刻不在轰炸我们的大脑和神经。

曾经有一位道长教给我一个每天只需要 5 分钟的冥想方法，叫“唵字诀”。

步骤如下：

1. 放松地坐着（或站着）；

2. 双手交叉，一只手拇指按住另一只手的劳宫穴（男左女右，手掌中间的位置），放在肚脐眼处；

3. 闭眼，想象一个声音（唵），并且让这个声音能连续不断地呈现；

4. 结束后摩擦双手，待掌心微热后由内往外按摩脸部 5 圈。

这个方法有点儿类似冥想打坐的方法。不过，我之前试过冥想，因为是初学者，所以杂念比较多，无法坚持。用这个方法，由于专注于声音本身，比较容易清空大脑。

究其原因，可能因为大脑是单线程的模式。一般来说，只能想一件事情，所以在想这个声音并且努力不让它中断的时候，大脑没空关注其他信息，就彻底放松下来了。

我练了半年多，感觉在做“唵字诀”的时候，心情比较平静。另外一个作用，就是专注力有所提高：做事情的时候，杂念较少，很容易专注到自己从事的工作中去。

“小怪兽”三：无法说“不”

小 C，一个天秤座女生，人际关系指数很高。她是一个热心的人，公司所有的人都很喜欢她。

“小 C，你英语比较好，帮我看看这封给大老板 Mike（马克）的邮件有没有什么语法问题。你知道，他这个人最讨厌邮件粗心大意了。”

“小 C，你不是去过巴厘岛吗？我们蜜月也想去，你能不能过来看看这个网址，哪些地方比较好玩啊？”

“小 C，今天终于等到吝啬的 Linda（琳达）请喝下午茶了。我们要好好敲下她的竹杠，待会儿跟我一起下楼去买奶茶吧，谢谢啦！”

“小 C，下周三我们要跟客户开个会，你一起来一下好不好？”

“小 C，Edward（爱德华）不在公司，你帮忙接待下他的客户。”

小C的本职工作是人事部门的职员，尤其是月底做绩效考评的时候，是她需要非常集中精力的大段时间。但是，她总是被这样那样的请求打断工作，工作效率无法提高。

你是不是也经常遇见这样那样的请求，有些是你的分内事，但大部分不是。你是不是总是碍于同事或朋友的感情，无法拒绝？

无法说“不”的问题人士，大部分是热心肠，或是人际关系处理得不错的人。为了维持人际关系的融洽，他们往往都无法拒绝别人的要求，因为他们担心：

如果我拒绝了老板，那我以后在工作上会遭到他的刁难；

如果我拒绝了同事，他会在背后说我的坏话；

如果我拒绝了朋友，我将失去他这个朋友。

但实际上，无法说“不”这个习惯，让他们自己产生了很大的困扰。他们把很多时间用来处理各种外人请求的杂事，而无法做自己认为重要的工作。

何不试着说一次“不”

实际上，有些事情上说“不”的严重后果，远远低于一般人的想象。有数据调查显示，拒绝能力跟一个人的自信程度成正比。也就是说，一个人的自信度越高，就越能向与自己无关的事情说“不”。从另一个角度来看，如果你无法拒绝别人，有很大的可能性，并不是实际上会发生多严重的后果，而是因为你的自信不足，“害怕”发生很严重的后果。

当人们“害怕”某些事情发生，就会把这件事情的严重后果无限地扩大。就像小 C，她因为害怕拒绝别人，因此当同事请求她看看邮件的时候，她会把拒绝的后果想得很严重。而实际上，即便小 C 拒绝了这些请求，同事可能会有点儿不开心，但未必会因为这样的小事就向老板告状。毕竟，这是他们自己的本职工作。

因此，害怕说“不”的人，不妨试着在一些较小的事件上，强迫自己试着说一次“不”。通过持续的尝试，以此不断增强自己对不重要的事情说“不”的勇气。

哪边会更有利

对于无法说“不”的问题人士，帮助他人的任务成为他们最大的包袱，他们的大部分时间都耗在解决对自己并不重要的问题上。因此，对于这样的问题人士，首先就应该先解决思想上的包袱，应该经常问自己一个问题：“我如果不做这件事，最坏的结果是什么？”

把这个问题写在笔记本上，然后写下最糟糕的结果。

同时，他们也应该问自己另一个问题：“如果我说‘不’了，对我的好处是什么？”

然后，比较一下这两者，看看到底哪一个会对自己比较重要。

拿小 C 那天在公司遇见的那些问题来举例：

Sandy（桑迪）跟小 C 说：“小 C，你英语比较好，帮我看看这封给大老板 Mike 的邮件有没有什么语法问题。你知道，他这个人最讨厌邮件粗心大意了。”

小 C 在笔记本上写：如果我拒绝 Sandy 的话，最糟糕的结果是什么呢？可能有几种情况：

1.Sandy 不开心了，而且会跟所有的同事说我的坏话；

2.Sandy 会怀恨在心，跟老板告状；

3.Sandy 从此不把我当朋友了。

小 C 同时也在笔记本上写：如果我拒绝 Sandy 的话，给我带来的好处是什么？

1. 我可以用更多的时间来完成我这个月的主要工作；

2. 也许以后 Sandy 都不会让我帮忙，这会节省我很多时间；

3. 给其他同事一个榜样，减少他们要求我的次数。

小 C 把写在笔记本上的这两者比较了一下，觉得拒绝 Sandy 最坏的后果也不过如此，似乎没有想象中这么严重。但如果拒绝了 Sandy，使自己有更多的时间思考和完成工作任务，这样对自己的工作有很重要的正面作用。

所以，对于无法说“不”的问题人士，第一个解决办法就是想一想，最坏能坏到哪里去呢？把最糟的结果拿出来想一下，并且与说“不”的好处做一下比较，分析一下哪边会给自己带来更多的好处，就不会害怕拒绝别人了。

说“不”也要讲究技巧

当然，说“不”也是需要一定技巧的。如果能够让人感觉到你确实有难处，并非不愿意帮助别人，大多数人是能够体谅你的。但是，如果你态度太生硬的话，也会引起别人的反感。另外，如果拒绝得太委婉，又很难真正达到说“不”的目的。

以下有一些技巧，可以帮助你更好地拒绝对你不够重要的事，从而为自己的重要工作留出更多的时间：

1. 要积极地倾听对方的要求。

拒绝的话不要脱口而出。不要在他人刚开口即予以断然拒绝，不容分辩。过分急躁的拒绝，最易引起对方的反感，应该耐心地听完对方的话，并用心弄懂对方的理由和要求，还要站在对方的立场上认真地思考，一定要显示出明白这个请求对其的重要性。让对方了解到自己的拒绝不是草率做出的，是在认真考虑之后才不得已而为之的。

2. 用抱歉语舒缓对方的情绪。

对于他人的请求，表示出无能为力，或迫于情势而不得不拒绝，一定记得加上“实在对不起”“请您原谅”等抱歉语。这样，便能不同程度地减轻对方因遭拒绝而受的打击，并舒缓对方的挫折感和对立情绪。

3. 应明白、干脆地说出“不”字。

拒绝的态度虽应温和，但是自己不想做或者肯定办不到的事，应该清楚、明白地说出“不”字。如果说得过于委婉，会使对方怀有希望，引发误解。当最终无法实现时，就会使对方觉得受了欺骗，这样反而容易引起对方的不满。

4. 清楚地说明拒绝的理由。

不要想只用一个“不”字就使对方“打道回府”，而应给“不”加上合情合理的“注解”，以使对方明白，你的拒绝并非毫无理由，也不只是出于借口，而是确有一些无可奈何的原因，确有某种难以说出的苦衷。

“小怪兽”四：完美主义者

小 D 是一个处女座男生，他的父母都是大学教授，因此从小对他的学习和生活要求非常严格。他也确实非常努力，从小都是班长、学生干部，考上名牌大学，最后进入一家他非常心仪的公司做工业产品设计工作。3 年之后，他升职成为 team leader（团队领导人），负责一个小型项目的统筹和开展。

但是，小 D 常常无法高效地完成自己的工作，因为他是一个完美主义者，他期望自己的表现最佳，做出来的工作也能得到最好的评价。因此，他总是花费很多很多时间去搜集各种资料。

可问题是，信息和资料搜集得越多，他对自己的要求就越上一层楼。既要非常美观、让人震惊，又要非常符合实际的产品使用需求。

形状、颜色、材质、功能组合……太多需要考虑和思索的地方，太多的资料和信息需要搜集。

最后的结果是，小 D 总是无法开始他的设计，他永远觉得时间不够用。他对未来的完美期许彻底吓倒了自己，他觉得没有任何一个构思能让自己满意。因此，他的工作永远都落后于原定的计划。

你是不是也遇见过这样的人？因为对自己的要求太高，所以总是无法真正地开始，也无法高效率地工作。

刻意放低对自己的要求

“更快、更高、更强”是奥运会的口号，也是普通人追求的卓越目标。但是对于完美主义者来说，则应该在不影响大局的情况下，适当放低对自己的要求。

例如对于有洁癖的人来说，有时候就应该刻意不叠被子，刻意不把书柜排列整齐。刚开始的时候会觉得非常难受，但只要熬过了这段心理煎熬期，你就会有“天也不会塌下来嘛”的轻松感受。

像小 D 这样的工作，只要不是提交客户最后的提案，在团队内部讨论的时候，倒不妨放低对自己的要求，来追求一个速度的极限。

在记事本上写下对自己的要求：

需要 4 小时完成的设计初稿，用 1 小时完成！

牢记这次你要追求的是速度和效率，而不是完美的结果。在 1 个小时内完成这份设计草稿，无论结果是你多么无法接受的。

坚持3～5次这样的努力，比较一下花费4小时和只花费1小时的设计结果。我想当然前者要比后者好很多，但真的会好上4倍吗？

再告诉一下自己："就算不那么完美，天也不会塌下来嘛！"每天重复对自己讲这样的话。

不要害怕犯错

完美主义者有一个很严重的问题，就是他们总是对自己期望过高，因此他们对"错误"和"失败"有本能的恐惧。他们不断地修改细节，就是希望减少错误的概率。

但是，完美主义者也必须明白："人非圣贤，岂能无过？"有时候，错误和失败并非坏事，它们以"试错"的方式教会我们更多。

我一直很喜欢罗伯特·清崎在《穷爸爸富爸爸——如何创业》里面说到的一个故事：

一次，我在外面演讲，一位听众站起来问了我一个问题。

他说："你知不知道创业的成功率，根据统计数据只有10%？"

罗伯特说："我知道。"

"那你为什么还一直鼓励别人创业，这不是让他们要遭受90%的失败概率吗？"

罗伯特回答："是的，我知道创业的失败率是90%，成功率只有10%。因此，根据统计数据，只要我创业10次，就可能会成功！而且，我很幸运，我第二次就成功了。”

每当自己犯错或者是尝试一件任务失败的时候，我就会想起罗伯特的这个故事。然后告诉自己：再试一次，就算成功率只有 1%，那只要努力 100 次，就会成功！

“小怪兽”五：三分钟热度

小 E 是一个兴趣非常广泛的人，她喜欢尝试各种各样的新鲜事物。

她上个月下定决心这次一定要把英语学好，还特地花了好多钱上了某个英语班。最开始的几周，她每次都去上课，每天早上起来背单词。但是，自从有一次因为同事聚会错过了上课时间后，她就开始缺课。后来，眼看进度落后太多，她就干脆放弃了这个英语班，心想明年再开始努力吧。

小 E 常上的一个网站有一群人喜欢画水彩画，还不时建立各种各样的相册，上传了许多他们的作品。看到他们的画那么漂亮，小 E 也动心了，下决心开始学画画。她在网上买了一大堆纸张、颜料和画笔。刚开始那一周，她每天都画上 3 小时，也完成了一两幅自认为还满意的作品。不过，正好那个周末，小 E 身体有点儿不舒服，也就没有继续画了。当小 E 再想起画画这件事的时候，已经过去好几个月了，颜料都干了。

为了保持苗条的身材，小 E 买了健身卡，而且还花了好大的价钱请了私人教练。教练不时打电话来问小 E 什么时候会去锻炼，有了教练的督促，小 E 的成绩很好，两周之内减了一公斤的体重。不过冬天来了，早起变得越来越困难，小 E 的健身房计划从一周 3 次逐渐减少到了一周一次。再后来，教练打来电话，小 E 都不敢接了。

小 E 是一个典型的“三分钟热度”青年，她兴趣广泛，只是总是无法持之以恒。

“三分钟热度”青年在这个时代有很多，他们大多会给自己带上“意志力薄弱”“个性懒惰”的帽子，说自己天性就是如此。实际上，“三分钟热度”是由“动力不足”和“行动没有焦点”等多种原因造成的。只要能够找出原因，就一定能改变这种状态。

目标明确，日起有功

要改变“三分钟热度”的问题，首先要从设定清晰、明确的目标开始。有人会问，小 E 的目标不是很清楚、明白吗？就是“学好英语”“学会水彩画”和“减肥成功”。但是，这样的目标太过模糊。学好英语的标准是什么？是通过六级，还是通过高级口译？应该在什么时间之前完成？是在 3 个月之内，还是在一年之内？计划不明确，就无法制订明确的行动步骤，也就很容易使得行动变成空中楼阁。

有一个简单的 SMART 原则，可以帮助你认识什么样的目标才是明确和清晰的目标。SMART 原则最早是由管理大师彼得·德鲁克提出的，它由 5 个单词组成，每个单词的首字母加起来，就变成了 SMART。

Specific（具体的），就是指目标应该是非常明确的，定义不应该是模糊和有歧义的。

小 E“减肥成功”的定义就很模糊，如果把目标定成“减少 5 公斤体重”，就是比较具体的目标。同样，学好英语，也可以定义成英语六级成绩达到 560 分。

Measurable（可量化的），量化是一个目标非常重要的部分。

因为只有具备可量化标准的目标，才能分解成为单位时间更短和更加详细的工作任务。也只有具备量化标准的目标，在自我检查的时候才不至于出现偏差。

对于小 E 的减肥目标来说，“减少 5 公斤体重”是一个量化的目标。这样，再结合截止日期，就可以分解为更小的每天的任务来执行。

Attainable（可达到的），这个标准是指目标是可以达到的。

如果小 E 把减肥目标定成“减少 20 公斤体重”，那恐怕就是一个无法达到的目标。目标和计划要根据自己的实际情况来定，不可以定得太高，否则执行起来就产生很多困难，放弃的可能也大大增加。

Relevant（相关的），指这个计划是应该跟你其他的计划相关联的，是指向同一个目标的。

例如，你的梦想是做一个注册会计师，但是你现在想学习画画。这两个目标的关联性就不高，那你就要衡量一下，是否值得为现在这个目标投入非常多的时间和精力，是否应该将更多的时间投入与实现你的梦想相关性强的计划中。

Time-based（有截止日期），所有的计划都应该有截止日期。

截止日期配合第二个量化指标，就可以很容易地制定出更具体的中期目标和短期目标，也能确保你能更好地执行任务。

根据 SMART 原则，小 E 的减肥计划应该制订成为这样：3 个月之内，通过运动，体重减少 5 公斤。她的英语计划应该制订成这样：6 个月之内，通过背 5000 个单词，每天一篇 VOA 听写，以及每天一篇英语阅读文章，英语六级模拟测验分数达到 560 分。

安排详细计划，避免懒惰

如果你的计划和目标是根据 SMART 原则来制订的，那很容易就能细化成更加详细的每月、每周乃至每日计划。

拿小 E 的减肥计划来举例：

如果要在 3 个月内达到“减少 5 公斤体重”的目标，那每个月的目标就是减少 1.7 公斤。也就是说，每周要减少 0.43 公斤，而每天要减少约 0.06 公斤的体重。1 公斤脂肪大约等于 9000 卡路里，小 E 需要每天运动掉 540 卡路里的热量。而以 7 公里 / 小时的时速慢跑 45 分钟，差不多可以消耗 540 卡路里的热量。

这就是详细的计划，可以列一张详细的表格，并且贴在书桌或墙上等显眼的位置，让自己随时可以看到自己的进度。而每天必须要完成的内容，可以写在记事本上（更具体的使用记事本的诀窍会在书的后面讲到）。通过可视化随时提醒自己掌握时间，开始行动。

在这张详细的行动计划表中，不妨给自己设置几个阶梯性的目标，其实就是把一个比较长期的任务变成了一个更容易实现的任务。例如，在每个月的末尾，都设置一个阶梯性的目标，即减少 1.7 公斤。在每完成一个阶梯目标的时候，给自己一些小小的奖励。例如一个月后，体重如愿减少了 2 公斤，小 E 就可以给自己买一套漂亮的衣服，鼓励自己继续加油。

需要注意的是，在制订更为详细的计划时，一定要给自己留出一些缓冲的余地。正如目标定得太高反而容易放弃一样，如果任务中间没有缓冲地带，只要一次没有完成，就会让人感觉到沮丧，从而放弃这个任务，仍然回到“三分钟热度”的状态。

例如小 E 的减肥计划，不应该制订每天都运动的计划。那样不但身体得不到足够的休息，精神上也会有很大的压力。有各种可能性会打断那种计划，如公司加班、同事聚会、身体不舒服，等等。其实可以把计划变成每周运动 3 次，让紧张的身体得以放松，也给自己适当的休息和调整时间。如果偶尔有一次因为特殊原因错过了运动，也可以在计划休息的日子里再补回来。

把计划细化为每天的工作，最重大的意义，就是每天都会有一次检查的过程。在这个过程中，会通过书面的方式，对自己的“三分钟热度”问题进行监督和检查，并且根据实际的执行情况提出改进意见，帮助自己更好地完成任务。

步骤标准化，做到不用想就行动

很多人遇见过这样的情况：计划制订得都很好，也非常明确、非常细化，但是就是无法执行。一想到要行动，就觉得心烦，产生逃避的心理，最后继续做回“3 分钟热度”青年。

实际上，如果能够把要执行的任务标准化，能够照单行事，不用多想，就可以降低抗拒心理，让行动得以持续。

例如，如果小 E 不想通过运动来减肥，而想通过减少热量摄入达到目的，她的计划从“每天消耗 1000 卡路里”变成了“每天减少摄入 500 卡路里”，但是什么食物是多少卡路里不好计算。如果每次在吃的时候都要精心计算，就会觉得很麻烦，有时候就会放弃了。

如果能在做计划阶段事先调查好各种食物的热量，拟定一份“一周用餐表”，规定自己“周一早餐吃无糖豆浆和一个菜包”“午餐吃公司的素面套餐”“晚餐吃超市里的蔬菜沙拉一份”，让每次用餐前都不用思考，只要按照表格行动，这样就能大大降低执行任务的难度。

所以，将麻烦的事彻底标准化，把所有的行动细节都予以规定，让自己的行动可以按部就班，不需要思考，轻轻松松地完成每天的任务，就能从根本上消除想偷懒、想逃避的心态，避免回到“三分钟热度”青年的状态。

你所遇到的，可能是更多挡在梦想路上的“小怪兽”。如果想有一个更强大的工具来对付它们，就请进入到下一章吧。

第六章

记事本改变生活

走在奔向梦想的道路上，要积累正能量，抗击负能量，要迎接各种挑战，要改变各种陋习，要对事业、学习、财富和爱情都有所规划。而这一切，需要一个实实在在的工具来帮助你实现。否则，一切梦想都只能是空中楼阁。

假设你已经有了美好的梦想以及乐观的态度，也学会了一些方法来集中注意力、治愈拖延症，你的生活已经发生了许多小改变。但是，你有时候也会想，是不是有一个更好的工具，能帮助你收集生活中的点滴智慧，从小习惯开始累积，逐渐产生巨大的改变呢？

这个工具就是记事本！

你会使用记事本吗？你相信使用记事本会帮你改变生活吗？如果你的答案并不那么肯定，那请仔细看看这一章。这里所说的记事本并不是指那种职场中人经常用的简单的任务罗列的清单。这里说的记事本包括了一个明确的计划方向和具体实施的步骤。如果你渴望发生翻天覆地的改变，那么就从零开始，来跟我学习怎样使用记事本吧。

书写是为了更好地思考

书写，远远不止记录这样简单的功能。书写，实际上是一个思考的过程。把思维中的想法用文字写下来，本身就是一个整理、分类的过程。书写的文字往往会更为理性，也更为有逻辑性。

记事本是记忆的延展

请设想一下，我们在森林里迷了路，每5分钟左右就会有一个双向岔口，有甲和乙两位路人：

甲勇敢啊，一鼓作气地往前走，到了双岔路口就凭自己的直觉，选一个走。乙呢，小心谨慎，步步为营，每到一个岔路口就用笔在纸上记一下。

甲一路走到了路的尽头，发现此路不通，怎么办呢？只能退回去重来。退到哪一个路口呢？刚才第一个路口走的是左边还是右边？哎呀，忘记了。

而乙也同样走到了路的尽头，也是此路不通。然后，他不慌不忙地掏出刚才记录的纸，回头看看，哦，刚才第三个路口是往左边走的，不妨退回去走走右边看。

人类的短期记忆只能记得5~9个项目。也就是说，再聪明的人，一次也只能同时记得9个项目。森林里的岔口如果超过9个，那甲的头脑里就会一片混乱，而乙呢，借助了纸和笔，他从容地使自己的记忆有了更多的延展。

记事本是经验的总结

同样还是甲和乙两个人：

甲误打误撞地走出了森林 A，乙凭借自己的记事本也走出了森林 A。第二天，他们要开始走森林 B。

甲这次吸取了经验，也拿出了纸和笔开始记录，马上冲进了森林 B。

而乙呢，不慌不忙地在森林入口坐下，拿出记事本，翻开昨天的记录，总结经验教训，昨天的岔路一共有 19 个，有 17 个都在岔口的某一个方向听到了溪水的声音。而最后证明，这些方向都是正确的方向。因此，如果今天在岔路口听见某一个方向有溪水的声音的话，则优先往这个方向走。

人类之所以能不断进步，是因为有着过去的经验，书籍、信息都是过去经验的传递，但书籍和信息都来自他人的经验，不一定适合自己。

实际上，只有自己的实践经验才是最宝贵的。但个人过去的经验必须有所记录才能进行总结，并且为未来提供更多的依据。在这一点上，在记事本上书写过去的经历，并且不断总结，是非常重要的。

记事本能对信息进行再加工

回过头去看在森林 A 的时候，乙开始只是简单地记录了自己所走的岔口的位置，但当他来到第三个岔口的时候，他突然发现某个方向路面的草比较稀疏，而某个方向又传来了溪水的声响，他开始考虑，这些是不是可能是某种线索。他不知道，但仍然记录了下来。在森林 B 行走的过程中，他发现这些是有用的线索。

当文字被记录下来的时候，人就会对被记录的文字进行思考。书写是自己与自己的对话，也是对信息的重新整理和思考。记录的这些东西对不对？有没有用？每一次下笔的时候，大脑都会这样提醒自己，笔和纸做好了记录的工作。而同时，大脑做了信息再处理的工作。但是，如果只在头脑中记忆，大脑通常只能发挥单项功能。不信你可以自己观察一下，如果不用纸和笔，仅用大脑，是否很难在思考一个问题的同时对自己思考的事情进行反思呢？

记事本帮助你战胜自己

人类其实有两个大脑，一个是理性的大脑，一个是感性的大脑。正如著名的心理学家乔纳森·海特在他的成名作《象与骑象人》中所说的那样：

> 感性的大脑，如同一头在旷野里奔跑的桀骜不驯的大象；而理性的大脑，则是那个手握缰绳的骑象人。

“大象”是盲目的，追求短期利益，喜欢享受。正如你每次面对困难的任务就会害怕和逃避，正如你虽然知道自己在减肥，却无法抵御住那块巧克力蛋糕的诱惑，这就是那头“大象”在起作用。而作为“骑象人”，作为一个理性的你，对待困难应该迎难而上，面对诱惑应该坚决抵制。

大象是常常在潜意识中完成奔跑的。当你减肥，但是又想吃一块巧克力蛋糕的时候，你试试把它记录在记事本上：

我想吃一块巧克力蛋糕，热量为150卡路里，但是我在减肥，我昨天跑了30分钟才消耗了150卡路里的热量。

当你写下这些文字的时候，并且回忆起你昨天汗流浃背跑步的情景，通常你就不会再想吃这块蛋糕了。为什么呢？因为思想的表达和书写本身就是一个理性的过程，记事本呼唤出了那个“骑象人”，“大象”得到了很好的控制。

为梦想做计划，为了长远的利益克服眼前的惰性，这些都是理性的大脑才会做的事。记事本能够呼唤出理性的大脑，帮助你战胜冲动的“大象”。

让记忆得以延展，让个体经验得以保存，让信息通过大脑进行再次加工，以及综合上述所有的力量，让理性的大脑帮助你克服惰性和坏习惯。只有这样的记事本，才是我们需要的、迈向梦想的工具。

你准备好了吗

你可能已经在使用记事本了，不仅可以在开会的时候记录领导的讲话，也可以在无聊的时候画点儿小画。

或者你在使用智能手机，不仅有晚上的 To do list（待完成清单），每周的约会更是一览无遗。

但是，这都不是我所说的记事本计划。

我说的记事本有以下几个特点：

1. 随身携带，随时记录；
2. 有“计划事情清单”；
3. 有时间的预算和实际使用情况的记录；
4. 有对每天工作、生活情况的反省和总结；
5. 能记录新学到的知识和技能；
6. 能帮助你自己真正做出改变。

只有这样的记事本，才是你向梦想进发的朋友和助手。

我们要做以下这些准备：

工具准备

记事本计划需要的工具有：记事本（当然），活页的，A5 大小。

活页记事本相对固定的记事本有许多优势：它方便随时整理，随时补充新页，还可以根据个人的要求来分类，在后期整理的时候方便分类管理。

在这里补充一点，记事本其实只是一个工具，有些人喜欢用纸质记事本，比如我。大脑是一个很懒惰的个体，它会倾向使用最简单的方法。纸质记事本可以随身携带，任何时候都可以记录和翻阅，勾画各种重点和符号也不受程序的限制，因此是懒惰的大脑非常喜欢的工具。

所以，我日常使用纸质的记事本，每周会把重点的东西用电脑软件（如 EverNote①）进行整理和分类。时间统计也是常用纸质本，但工作约会记录在 QQ 日历里，与手机同步，每周和每月的时间统计用 Excel 来进行综合统计。

笔：黑色或蓝色笔，彩笔一两种颜色。

用黑笔或者蓝色笔来记录基本内容，用一两种彩色的笔来标注重点是比较理想的。

即时贴：方便记录临时的想法，罗列当天的 To do list。

时间准备

有一句话深得我心：时间用在什么地方，是看得到的。

记事本有多重要？那要看你给它留了多少时间。在刚刚开始使用记事本的时候，要留出足够的时间来做好事件的记录和整理工作，还

① EverNote：一款笔记软件，在国外非常有名。

要在每天晚上预留出时间来做每日事件的整理和第二天的计划工作。当然，到后期养成习惯了，就不用刻意留出时间来了。

有人觉得这样很烦，凡事要记录，每天还要做计划和反省。但是，我觉得所有的得到都是应该有付出的，一分耕耘，才有一分收获。

而且，记事本所需要的时间实际上是比较零散的，不会占用大块的时间，在公交车、地铁上，在等人、等车的间歇，在工作的间歇……随时随地，只用一分钟不到的时间记录一下，就能帮助你很好地安排工作和生活。

心态准备

心态上的准备，实际上是最重要的准备，说下几个原则：

1. 对自己的要求低一点儿。

一开始实施计划的时候，切忌给自己太多的任务、太大的压力。我们见过很多朋友，去买健身房的年卡，一张 4500 元，想想每周来 3 次，一年 150 次左右，每次才 30 元，便宜啊。但是根据统计，有超过 85% 的人买完年卡后实际去健身房的次数少于 10 次，每次花费超过 450 元。

这就是典型的给自己定的目标太高导致最后无法坚持的事件。同样是锻炼身体，不妨从“坐地铁不用自动扶梯”或“每天步行 500 步”开始。

使用记事本也不妨从最开始的“时间记录”开始，慢慢过渡到更多的内容。

2. 习惯养成的连续性原则。

开始的时候，对自己要求低一点儿是应该的，但是有一点不要忘记，就是一定要坚持。

拿前面锻炼身体的例子来说，开始的时候可以定目标为“每天步行 500 步”，但是一定要坚持不懈。最好是能够每天坚持，而且能在固定的时间段做运动。

每天坚持，是为了改变生活的惯性。每一种习惯都是有惯性的，尤其是在开始阶段阻力非常大的时候。如果能每天在固定的时间里坚持，就能冲破这种阻力，形成良好的习惯。

这种连续性原则，以 7 天为一个周期，起码要坚持一两个周期。这种坚持，是要不折不扣地做到标准，而且连续 7 天。如果当中有 1 天没有坚持，那就从头计数。也就是说，如果要求改变习惯为“每天步行 500 步”，那就一定要每天坚持 500 步，只有 400 步就不能算坚持。

有些人觉得我今天打了篮球，已经锻炼得很多了，不步行也可以。这样也不算。

总之，要不折不扣地连续 7 天都坚持步行 500 步，才算是完成了习惯养成的第一个阶段。

在这个阶段里，注意力会非常集中在要完成的任务上，以至于经常想着这个任务，这对改变习惯来说是非常有必要的。

3. 那就做吧！（Just do it！）

“Just do it！”我最喜欢的一句广告语。所有的事都是这样的，没有一个跑步冠军是坐在凳子上得到的。所有能够成功的事情，没有“行动”两个字，是永远都不可能做到的。

有时候，行动甚至应该在思维之前，瞻前顾后地考虑太多是没办法做好事情的，先做了再说，贯彻“立即行动”的精神。在行动的过程中不断总结经验、调整方向，才是最好的战略。

Just do it！动手开始记录吧

上文说到 Just do it，所以，Just do it！

Just do it！也许你还没有买好一本漂亮的、自己喜欢的记事本，也许还没找到那支最顺手的笔，也许你还没想清楚到底要不要做改变。

没关系，把这些东西都抛到脑后，以后再想，让我们先行动起来。也许这些东西看到一半，你行动到一半，觉得并不适合自己，那就扔掉它，但是现在，行动吧！

毕竟只有行动起来，才可能判断有效没效，不是吗？

如果你已经开始动手记录了，请做到以下 4 点：

随时把记事本带在身上

刚开始做时间记录，总会有这样那样的问题：

忘记带记事本。尤其是女生的包比较小，钥匙、手机、化妆品一放，哪里还有空间放记事本？有些男生习惯随身不带包，只在口袋里放钥匙和手机，记事本更是无容身之处。

没有记事本，如何使用记事本？

随身带记事本，就是改变习惯的开始。

从时间记录开始，到以后进阶的“事先预习”和“每日反省”，都需要随时检查记事本，把点滴的进步和思想记录下来，以对抗大脑的“遗忘机制”和“短期记忆”。

小技巧：在未经复述的条件下，大部分信息在短期记忆中保持的时间很短，通常在5～20秒，最长不超过1分钟。短期记忆有时也被称为“电话号码式记忆”，如同人们查到电话号码后立刻拨号。通话完了，号码也就随即忘掉一样。

短期记忆是大脑保护自己的有效机制，如果所有的信息都留在大脑记忆中，大脑将不堪重负。但是，重要的事情也容易被遗忘，此时就需要用你手中的记事本将值得记忆的事情记下来。

所以，从现在起就随身带上记事本吧。要做到任何时候只要你想起来，就能在3秒钟内找到它。有些人早上出门如果忘记带手机了，会一天都心神不宁、坐立不安，把你的记事本也上升到如此的“江湖地位”吧！

每天记录时间

记事本计划最忌“三天打鱼，两天晒网”，每天记录是必需的。但是，人生总有那么多这样那样的意外：小王说，今天一天都在跟老板应酬，哪有时间翻开记事本；小李说，上午开会，下午开会，中午吃饭，这没什么好记录的。

其实，时间就是在这样的“无所谓”中慢慢消耗掉了。

还记得连续原则吗？只有连续记录，才能消除原来习惯的不良惯性，因此从现在开始，切记每天记录。如果不能做到一周连续 7 天记录时间，就不要进入下一个步骤。

必须是“连续的”，如果时间记录在第 3 天中断了，那就必须从头开始计数。如果在第 6 天中断了，也必须从头开始计数。

小技巧：给自己一个荣誉吧。现在，很多平台都有打卡勋章，比如 Keep 会有连续 3 大徽章、连续 5 大徽章，激励你坚持下去。给记事本计划定一个“7 天荣誉勋章”吧。坚持 7 天，就在自己的记事本封面上（或任何醒目的地方）画上一个“7 天荣誉勋章”的标志，记录下事件和时间。

这个方法可以在后面的很多地方使用，甚至可以给自己设置一点儿小奖励。例如，有了 5 个“荣誉勋章”，就去海底捞大吃一顿，或者买件漂亮衣服。

根据独立的事件，而不是时间间隔来记录时间

有一些时间管理的书会要求“每隔 1 小时记录时间开销”，其实

这是比较违反工作规律的方法。有很多事件实际上是很难做到“完整时间”的。

例如，预计开会时间 1 小时 30 分钟，但实际上是 1 小时 43 分钟。开会之后做了会议记录，预计用时 30 分钟，实际 27 分钟就完成了。

这样的工作，最好就是按照“9:00—10:43 工作会议、11:00—11:27 整理工作会议纪要”来记录，因为“时间记录”的目标是为了今后做类似事件的对比，以便提高工作效率。如果没有整个事件的“时间记录”，就没有起点的标准，以后也很难做到提高效率。

但是，如果整个事件的时间跨度太长，也可以稍作分割。

例如，一个延续了 3 小时的培训，可以记录成：

9:00—10:15，培训第一部分：如何高效工作。

10:15—11:00，培训第二部分：如何利用时间管理表格提高效率。

11:00—12:00，小组讨论，如何联系实际工作进行效率的改善。

12:00，终于结束了！

记录时间的检查标准

“时间记录”看似简单，实际上实施起来并不是那么容易。因为这是改变习惯的第一步，也是“开始行动”的具体表示，你是否真正开始通过记事本计划来改变你生活的历程，这是至关重要的一步。

越高的房子，越需要坚实的基础；越高大的树木，越需要细密繁杂的根系。所有为了基础做的努力，都是为了今后会有更高的大楼和更繁茂的枝叶。

因此，对于你是否能做到这一步，有检查的标准，请务必达到这些标准。

对于动手记录时间这一步，检查的标准就是：

1. 是否随时能找到记事本；

2. 是否能每天记录；

3. 是否记录下每一个消耗时间超过 30 分钟的事件。

如果连续 7 天都做到以上 3 点的话，就进入下一步吧。还记得“连续原则”吧？也就是说，如果有任何一天的任何一点，你的答案为“否”的话，请继续巩固这一个步骤吧。“每天”的定义，必须是连续的 7 天，无论是休假还是出差，都不能有所中断。

在这一阶段，只要诚实地记录下每天发生的事件就可以了。通过记录，我们可能会发现许多地方是浪费时间的，但是不用着急，改变是一步一步来的。

小湄是一个工作才两年的职场新人，毕业于一所大学的广告专业，目前在一家中型公司的市场营销部工作。她的工作内容五花八门，要策划和执行市场活动，要在公司内部网站上发布相关信息，要跟广告公司洽谈公司的最新广告内容，等等。她整天忙忙碌碌，经常加班。

以下是小湄第一次的记录和最后一次的记录。她在第 4 天的时候，因为天气渐热，换了一个包，结果忘记带记事本了，只好老老实实地再从第一天开始计数。总共用了 11 天的时间，才做到连续 7 天、3 点都为“是”。

第 1 天：

7:00—8:30，起床、洗漱、坐地铁去上班；

8:30—11:05，收发邮件，然后无节制地“刷”微信；

14:07—15:23，修改绿亿食品公司的策划方案；

16:00—18:16，项目组工作会议；

18:30—19:15，坐地铁回家；

19:15—23:30，下了碗面吃，边吃边看了 4 集美剧，“刷”微信、抖音。

第 11 天：

7:00—8:30，起床、洗漱、坐地铁去上班；

8:30—10:50，柔芳洗发水广告文案的资料收集和整理，当中接了几个电话和回复 E-mail；

11:03—12:00，撰写西勒公司年会新闻稿；

12:00—13:00，午餐；

13:30—14:18，继续写西勒公司年会新闻稿；

14:42—17:15，跟小米讨论柔芳公司洗发水广告文案的创意；

17:25—18:30，想买件风衣，去淘宝看；

19:00—21:30，与高中同学聚会；

21:30—22:04，回家的交通时间；

22:10—23:30，看了怎样提高时间效率的书。

记事本每天怎么记——从每一天开始

假设你已经阅读完了前面有关记事本的所有内容，也按照内容做了功课，相信记事本已经让你的生活发生了一定程度的改变。你已经清楚地知道自己在做一些什么事情，这些事情花费了你多少时间。

但这些并不是记事本这个工具的全部功能，除了忠实地记录外，记事本有着更为强大的辅助思考功能。还记得甲和乙两人行走森林的故事吗？现在，乙已经走出了森林 A，也就是完成了记录的基础阶段，但如何更快地走出更大、更茂密的森林 B，接下来会告诉你更多内容。

那么，如何做好每一天的记录呢？

我们引入了一个管理学的模型叫“PDCA 循环”[①]。PDCA 的含义

① PDCA 循环：最早是由美国质量管理专家戴明提出来的，所以又称为“戴明环”。

如下：P（Plan）—计划；D（Do）—执行；C（Check）—反馈；A（Adjust）—调整。

PDCA 循环就是先制订计划，然后按照计划实施，最后通过检查和总结来反思从计划到实施的差距，最后把自己的体会放到下一次实施中去。

PDCA 循环可以是一日的，也可以是一周的、一个月的、一年的。我们由易入难，就先从“一日 PDCA 循环”讲起。

一日 PDCA 循环，顾名思义就是在一天之内做到“计划—执行—反馈—调整”。每天先把今日要做的事情按轻重缓急做好计划，然后按照计划一步一步去执行。在一天结束的时候，根据今天的计划实施情况，做好总结和反馈。最后，再根据这些总结和反馈制订下一步的行动计划。

由于“一日 PDCA 循环”时间短、反馈快，因此建议刚开始用记事本规划工作和生活由一日的 PDCA 循环开始。逐步了解和熟悉每一个部分的步骤和关键点后，进而逐步过渡到一周 PDCA 循环和一月 PDCA 循环。

计划——“一日 PDCA 循环”从每日计划开始

“一日 PDCA 循环”从计划开始。

实际上，计划应该是由大及小的，先制定你的长期目标。长期目标一般超过 5 年，例如本书一开始就提出你的梦想是一个长期梦想。然后根据你的远期目标制定你的中期目标，大约是 1～5 年。再根据中期目标来制定短期目标，直至将目标划分为每日的行动。

有些人认为，应该制订一个为期 10～15 年的长期计划，然后根据这个长期计划再划分出中期计划和短期计划。

这样做固然不错，不过由于我们处于一个变化非常快速的时代，很多人刚开始并不清楚自己的梦想该如何实现，甚至对什么是自己真正的梦想还摇摆不定。因此，我们先从最简单的每天的计划开始做起，随即拓展到一周、一个月和一年的计划。随着你对如何制订计划、怎样的计划才有效等问题有了更多的认识，我们再来考虑中期和长期目标。

每日计划的制订有 5 个步骤，分别是：1. 写下任务；2. 估算时间；3. 分解任务；4. 预留空间；5. 做出取舍。

1. 写下任务。

请翻开记事本，把你一天当中需要做的事情一一罗列并且记录下来。做计划的时间可以是前一天的晚上，也可以是当天的清晨，根据不同人的作息习惯不同来定。我个人是习惯在晚上做计划，这个方法有一个好处：利用晚上临睡前的时间，做好第二天的计划，并且带着这些计划的印象入睡，在睡觉的这段时间内，大脑实际上已经反复地预演了这个计划。因此当第二天醒来时，不但对计划已经了然于心，而且说不定还会突发灵感，找出做好计划的新方法来。

小湄的一天PDCA——计划

2018年6月13日工作计划

1	搜集柔芳洗发水历年广告文案、资料
2	撰写西勒公司年会新闻稿
3	电话会议，跟柔芳项目的客户方交流工作进度
4	预约柔芳客户下周工作会议时间
5	看《30岁前的每一天》第四章
6	收发邮件
7	跟新闻早报的Mary（玛丽）确认上次新闻稿已发出
8	缴水电费
9	被邀请参加另一个项目的头脑风暴会议
10	整理一下桌面杂物

2.估算时间。

一份理想的每日计划，单单列举这一天的活动内容是远远不够的。除了活动内容，还应该根据自己的经验，进一步估算出每项日程安排所需要的具体时间。有了记事本计划初级阶段的内容，大家对自己日常活动所要支出的时间应该有了一个初步的了解。不过，刚开始估算时间总是不太准确。也没关系，先估一个吧。当然，我建议你给自己估的时间稍微严格一点。

在时间管理领域有一条“帕金森定律”，此定律是英国历史学家、政治学家西里尔·诺斯古德·帕金森在《帕金森定律》一书中首次提到的。帕金森经过多年调查研究，发现一个人做一件事所耗费的时间差别如此之大：他可以在10分钟内看完一份报纸，也可以看半天。一个忙人20分钟可以寄出一叠明信片，但一个无所事事的老太太为了给远方的外甥女寄张明信片，可以足足花一整天：找明信片一个钟头，寻眼镜一个钟头，查地址半个钟头，写问候的话一个钟头零一刻钟……特别是在工作中，工作会自动膨胀，占满一个人所有可用的时间。如果时间充裕，他就会放慢工作节奏或是增添其他项目，以便用掉所有的时间。

根据这个定律，人始终是根据任务的时间期限来调整工作速度的。也就是说，如果一个人知道自己有一个月的时间来完成一项任务，那他就一定会不知不觉地放慢工作速度，把整个月的时间都用在这项任务上。但如果期限只有一周，那他就会加快速度，以便在一周内完成任务。这也就是为什么人们在“deadline”（最后期限）临近的时候，效率总是会特别高。

小湄的一天 PDCA——计划

2018 年 6 月 13 日工作计划

1	搜集柔芳洗发水历年广告文案、资料	2 小时
2	撰写西勒公司年会新闻稿	2 小时
3	电话会议，跟柔芳项目的客户方交流工作进度	1 小时
4	预约柔芳客户下周工作会议时间	15 分钟
5	看《30 岁前的每一天》第四章	1 小时
6	收发邮件	30 分钟
7	跟新闻早报的 Mary 确认上次新闻稿已发出	15 分钟
8	缴水电费	30 分钟
9	被邀请参加另一个项目的头脑风暴会议	3 小时
10	整理一下桌面杂物	1 小时

3. 做出取舍。

好了，计划做好了，时间也估算好了，但是如果计划的时间比拥有的时间还要多，怎么办？你可以看到小湄为一天所做的计划，预计要花 11 小时 30 分钟。这还不包括吃饭、上洗手间的时间，也没有包括突发工作的情况。

如果做出这样的计划，是要加班加点完成任务，还是减少睡觉的时间来完成任务？

在做计划的时候一定要牢记，人的时间是有限的，一定要为最重要的事留出最多的时间和精力。

将事件按照重要的程度分出 A 和 B 两个层级：A 类事件是重要的，或是必须由自己完成的；B 类事件是不太重要的，又或者是可以授权给别人做的。区别是否是 A 类事项有 3 条重要的标准：1. 能给自己带来价值的；2. 现在不做以后就没机会了；3. 任何人无法替代我做。

在将所有任务按重要程度划分为 A 和 B 两类之后，在执行的时候必须确保在 A 类事项全部完成之后再开始做 B 类事项，甚至在时间不允许的情况下，可以拖延甚至拒绝完成 B 类事项。当然，如果你的 B 类事项是可以授权给下属或者同事做的，例如你可以要求别人代替你完成每天的邮件撰写，那么，你应该在 A 类事项里加一条：授权某同事撰写邮件并检查。

分为 A 和 B 两个大类后，再按照时间的先后顺序把它们标注为 A1、A2、A3，B1、B2、B3。A1 和 A2 有两种区别：一种是重要性优先，即 A1 比 A2 更重要，同为 A 类事项，在没有完成 A1 之前就不能去做 A2；还有一种则是时间优先，即虽然 A1 没有 A2 重要，但是 A1 事件必须发生在 A2 事件之前。例如，早上必须参加的工作例会，无论重要与否，在时间上是有优先级的，因此也要排在前面。

因此，小湄的计划变成了以下内容：

小湄的一天 PDCA——计划

2018 年 6 月 13 日工作计划

1	A6	搜集柔芳洗发水历年广告文案、资料	2 小时	不紧急，因此排序比较靠后
2	A1	撰写西勒公司年会新闻稿	2 小时	新闻稿的截止日期是 6 月 14 日，且关系到客户的宣传，属于紧急又重要的工作，列为 A1，较靠前
3	A2	打电话跟客户交流工作进度	1 小时	定期跟客户交流进度，确保项目方向是对的，是非常重要的工作
4	A3	预约柔芳客户下周工作会议时间	15 分钟	虽然不算很紧急，但是可以确保下周的进度，比较重要，而且可以在交流工作进度的时候顺便完成
5	A4	看《30 岁前的每一天》第四章	1 小时	不紧急，但作为长期的学习计划，非常重要，抽空完成
6	A5	收发邮件	30 分钟	必须要自己完成

7	B1	跟新闻早报的 Mary 确认上次新闻稿已发出	15 分钟	可以委托媒体组的小 C 完成
8	A7	缴水电费	30 分钟	必须自己完成，但还有 2 周时间
9	B2	被邀请参加另一个项目的头脑风暴会议	3 小时	非工作职责内，可以拒绝参加
10	A8	整理一下桌面杂物	1 小时	如果没空，明天整理也无妨

4. 分解任务。

有些任务工作量非常庞大，在做工作计划的时候，需要适当地分解任务。例如写一份部门的年度工作小结，恐怕没有完整的 20 小时工作量无法完成。但如果在计划中写上“完成部门年度工作小结，时间 20 小时”的话，恐怕在心理上就会给自己造成巨大的压力和焦虑。

我的建议是适当地划分工作任务，拆分成不大于 2 小时的基本工作单位，并且按照实际的最后时间节点来规划每天所需要完成的工作量。

例如，完成部门年度工作小结可以分成：

1. 初步拟写提纲——2 小时；

2. 请相关人员一起讨论提纲的合理性——2 小时；

3. 列出所需搜集的资料——2 小时；

4. 搜集相关资料——2 小时；

5. 完成工作小结第一部分——2 小时；

6. 完成工作小结第二部分——2 小时；

7. 完成工作小结第三部分——2 小时；

8. 整合三部分，并进行初步修改——2 小时；

9. 请相关人员一起讨论草稿的修改意见——2 小时；

10. 根据提出的修改意见进一步修改草稿——2 小时；

11. 整理文件格式并美化——2 小时。

通过这样的任务分解，就能有效地把任务划分成小块，从而增强计划的可执行性。

这样，小湄最重要的 A1 工作——撰写西勒公司年会新闻稿，共计 2 小时，就可以分解为：

1. 搜集西勒公司背景资料——30 分钟；

2. 撰写新闻稿——1 小时；

3. 新闻稿的修改、润色——30 分钟。

5. 预留空间。

人们在制订日计划的时候容易犯一种错误，那就是为了完成更多的任务，总是把任务排得很满，半小时一个单项，不给自己留一点点的空间。这首先在精神上会给自己很大的压力，内心的独白是："这么多任务啊，怎么可能完成啊？”

其次，在实际的执行中，很难避免有突发状况出现，或者实际任务要比自己想得更复杂，因此需要更多的时间；或者是老板突然布置了一个任务，要求今天必须完成；又或者是今天肚子不舒服，在厕所里蹲了 1 小时；等等。总之，总有那么多突发事件会出现。

因此，建议每天计划事项所占用的时间不要超过实际可支配时间的 60%。也就是说，如果你的上班时间是 8 小时，那你的计划时间尽量不要超过 5 小时，把多出来的时间预留出来，用于处理一些可能发生的突发事项。

看一下小湄一天的 PDCA 计划，除去“缴纳水电费”和“看《30 岁前的每一天》”两项应当在业余时间完成的任务，总的计划时间为 10 小时。小湄一天不能喝水，不能上洗手间，不能跟同事闲聊，而且要按时完成每一项工作，不能比预定的时间多。这几乎是不可能完成的任务。

因此，就小湄的一天计划而言，应该根据重要程度，拒绝另一个项目组邀请她参加的头脑风暴会议，然后完成 A1～A5（其中 A4 项留到晚间业余时间完成），这样总共的计划时间为 3 小时 45 分钟。如果确实有时间的话，可以完成 A6 项，并在中间给自己预留一些休息和机动的时间。

这样，经过整理，小湄当日的计划就变成了：

序号	优先度	内容	计划时间
1	A1	撰写西勒公司年会新闻稿	2 小时
2	A2	打电话跟客户交流工作进度	1 小时
3	A3	预约柔芳客户下周工作会议时间	15 分钟
4	A4	收发邮件	30 分钟
5	A5	搜集柔芳洗发水历年广告文案、资料	2 小时
6	A6	看《30 岁前的每一天》第四章	1 小时

执行——最关键的是行动

PDCA 里面 P（计划）的部分已经讲完了，执行的部分也在记事本初级阶段讲过了。只是要注意，每天在执行任务的时候要反复拿出记事本，对照计划的内容，全力以赴，依照预定的时间，按照重要性一项一项完成，确保用大段的时间来完成 A 类事项。在没有完成 A1 的时候，不要着手进行 A2 事项。每完成一项，就在记事本上划去一项，当记事本上的任务一项一项被划去的时候，相信我，是会非常有成就感的哦！

在执行任务的时候有几个要点需要注意：

集中你的注意力

大多数人都曾经有过这样的经历：在看一本非常有趣的书，或者是听一次受益匪浅的演讲，还有可能是跟心爱的人坐在一起，握着手说话。这种时候，时间好像过得特别快，但是事后，你的记忆却特别深刻。这种体验在心理学上叫“心流”（flow）。处在心流体验中的人，具有高度的注意力。他们忘记了自我、时间和周围环境，伴随着喜悦，也特别富有创造性。

因此在执行任务时，要把所有的注意力都集中在你手中正在执行的工作任务上，尽量减少其他任务的干扰。前文提到过的倒计时工作法，就是一种很好的方法，可以帮助你把注意力集中在当下的工作上。

另外，可以把重要的工作放在较少人打扰的时间段和地点内。例如，每天早到公司半小时，集中精力完成一天最困难的任务，这样不但可以赢得宝贵的时间，说不定还能因为工作勤奋博得老板的青睐哦。

立即原则

有了计划其实就有了压力，面对各种各样前一天所制订的计划，内心的抗拒是可想而知的。这时候，各种借口会源源不断地冒出来。例如，“还有半小时就吃午饭了，也做不了什么，看会儿网站吧”“这事一时半会儿也做不完，还是留到下午有整段空闲时间的时候再做吧”，等等。而随着这些借口而来的，就是拖延、拖延、再拖延。一件让你备感压力的事，既不能在午饭前的半小时做完，下午又正巧遇上了突然召开的会议，因此一再延后，最后始终无法完成。

因此，在执行计划的时候，要牢记“立即原则”。

立即去做你目前计划中的事，哪怕只有 5 分钟。有些时间段看似很短，但其实是一个勇敢的开始，它会让你燃烧起工作的斗志。午饭前的半小时，足够让你写出一份报告的框架草稿了。说不定午饭的时候，还正好可以跟同事讨论一下这个框架的合理性呢。等到午饭后回来，你就可以立即着手写全文了。

如果你正在休息，想起来要打一个电话，最好不要拖延，立即打过去。因为你心里冒出来的“等一下再打吧”，说不定会让你彻底忘掉这个任务。

许多问题是不能拖延的，时间拖得越久，由此衍生出来的问题就会越多。这无形中反而加大了我们的工作难度。

立即处理的任务将不再消耗你的脑力，使你能更集中精力处理手中的任务。

按照重要性逐一完成

人在面对困难的时候，不可避免地总有畏难的情绪，总会有各种理由来原谅自己。以我自己为例，有一段时间，我发现我的工作效率很高，但是不知怎么回事，总是只能完成排名第二的重要任务。

这是因为每天早上开始上班的时候，我看着标记为 A1 的工作任务，内心总是充满了反感，因此我本能地选择标记为 A2 的工作开始做。而且，我有各种各样的借口：“反正都要做的嘛，先从容易的入手。”“上午杂事比较多，等下午比较有空了，我再做困难的工作。”“这个工作还差一点儿数据资料，等搜集完了再做。”……

总之，到了最后，我标记的工作，包括 B 类的工作都完成一大半了，A1 工作还是丝毫未动。而且，以后的每天都几乎发生同样的事，直到接近 A1 工作的最后期限，只能匆匆做完交差。

但是，一段时间后我发现，我花了很多时间、做了很多事情，但由于重要的事情没有首先做，所以离计划渐行渐远。

所以，请你记得在执行计划的时候，一定要按照重要性的原则逐一完成。因为人的时间和精力是有限的，把有限的时间和精力放在最重要的事情上才能发挥最大的效用。

计划性和灵活性兼顾

执行中最大的问题，往往是实际跟计划总是不相符合。现实中总有那么多乱七八糟的事，或者各种突发的状况，因此在执行计划的时候，要注意计划性和灵活性兼顾的原则。

计划性就是你原定的计划，这个计划是你在前一天晚上用心思考过的。在计划的过程中，你也明白哪些是对你比较重要的。因此，在自己可控的范围内，要以计划为优先。

当然，计划也会发生变化。例如第二天上班，老板突然安排给你一个非常重要的客户，客户又提出了很多新的要求。在这个时候，就要把新的工作任务跟原有的计划对比，看看哪一项任务比较重要，重新划定重要级。而有些非常紧急的任务，就正好用计划中的空余时间来完成。

这样，经过整理，小湄当日的计划就变成了：

序号	优先度	内容	计划时间
1	A1	撰写西勤公司年会新闻稿	2小时
2	A2	打电话跟客户交流工作进度	1小时
3	A3	预约柔芳客户下周工作会议时间	15分钟
4	A5	收发邮件	30分钟
5	A6	搜集柔芳洗发水历年广告文案、资料	2小时

这是小湄一天实际的工作内容：

序号	时间	内容	计划时间	实际时间
1	8:30—11:00	撰写西勤公司年会新闻稿	2小时	2小时30分钟
2	11:10—11:20	预约柔芳客户下周工作会议时间	15分钟	10分钟
3	11:30—12:00	感觉有点儿累，休息		
	12:00—13:00	午饭时间		
4	13:00—14:00	经理说要一个上周会议的总结，突发事件	无	1小时
5	14:00—14:25	休整，喝水		
6	14:30—15:10	收发邮件	30分钟	40分钟
7	15:10—16:30	“刷”公众号、朋友圈	无	1小时20分钟
8	16:30—16:40	打电话给客户，但客户没空，约明天	无	10分钟
9	16:55—17:20	搜集柔芳洗发水历年广告文案、资料（未完成）	2小时	25分钟
10	17:30	下班		

这当中，因为感觉有点儿累，休息了一段时间。另外，有一个突发工作情况，即经理要求做一个上周的会议总结，用了 1 小时的时间。另外，“刷”公众号和朋友圈也占了很多时间。

如果之前小湄的工作安排得非常满的话，就无法承担这些内容。

请记住，计划永远没有变化快，因此，要给变化留出充分的时间。

反馈和调整：发现问题，不断改进

有个人感觉不舒服，没力气，吃不下东西。到了医院，用体温计一量，哟！38.5 摄氏度！这就是发现问题的阶段。但这时候，医生不会马上就开药、打针，而是要做一系列的询问和化验，来找出这个问题的症结。发烧，可能是因为着凉感冒了，可能是因为身上某个地方化脓引起炎症，可能是因为其他问题。只有分析出到底是什么问题引起的发烧，医生才会开出处方，或打针，或吃药，或只要多喝水、多休息就可以痊愈了。

寻找问题的过程，就是一日 PDCA 里的 C，即反馈。

而当问题的原因真正找到时，正如医生已经找到发烧的原因，剩下的就是对症下药了。这就是一日 PDCA 里的 A，也就是调整。

反馈和调整往往密不可分，寻找问题就是为了解决问题。而解决问题，也需要知道问题究竟出在什么地方。

实际上，在计划和执行的过程中，你肯定已经有所思考。例如，为什么这件事超过计划许多时间才完成？为什么执行情况不尽如人意?

这时候，记事本已经不仅仅是“记录事件”这样简单的工作了，而是进步到“自我反省”和“思考”。

但是，记录的过程，毕竟只是零散的思考。在一日 PDCA 里，建议每天应该给自己一个特定的时间。例如每天晚上，通过回顾一天的任务执行情况，来审视哪些任务没有很好地按照计划完成，并且分析造成这种问题发生的原因。

这可以分为两个部分：一部分是“反省和改进”，一部分是“学习和实践”。“反省和改进”用以对自己的无效行为进行调整，“学习和实践”则是对有效行为进行表扬，并且尝试新的方法。

反馈：记录当日反省。

每天应该给自己留出 10 分钟时间，在记事本的所有日程下面写上“当日反省”，然后思考当天在工作中出现的各种失误，把它们写下来。

首先，找出所有你认为不足的地方，如当天制订的工作计划没有完成、浪费时间“刷”微信、一份重要的文件出现明显错误等。甚至一些很小的不足，如今天没有吃早饭，因为饿，工作效率不高。

其次，找到这些失误的原因，有些可能是因为外部环境的影响，例如你今天放弃背单词的原因是当天加班了，或者正好是你女朋友的生日，这些外在环境因素使得你无法有充足的时间和精力来完成既定的任务。而更多的，恐怕是因为你自身的原因。例如，工作计划没有完成，可能是因为你没有有效地利用时间；重要工作出现错误，是因为你没有花足够的时间来准备。

最后一点则是要记住，罗马不是一天建成的，因此，检讨自己的失误也不必过于苛刻，每天记录两三条就可以了。小湄当日的反省是：

1. 工作任务安排得太满，没有给自己留出足够的休息时间；

2. 收发邮件，然后就“刷”微信了，浪费时间。

调整：制订改进方法。

其实，“当日反省”的最终目的，就是要提出改进方法。我曾经提过一个观念，就是“要把所有的失败都当成成功前的练习”，现在就要用记事本工具来真正地执行。这是我个人认为真正能体现记事本作用的最重要的地方。

用红笔在“每日反省”下面写上“改进方法”，然后思考针对这项失误的改进方法。例如，当天的工作计划没有完成，原因可能是工作计划安排得太满，没有预留足够的休息时间。改进方法很简单，就是“每日工作的计划时间不能超过 6 小时”。

如果每日反省的内容是“今天‘刷’微博用了 1 小时，太糟糕了”，那么改进的方法可以是“每天‘刷’微博不超过 20 分钟，坚持一周”，或者是“尽量在没有网络的环境里工作”。

总之，改进方法是需要非常有针对性的，根据自己的行为方式进行调整。

作为一日 PDCA 的最后一步，调整意味着每天做出一些小小的变化。积跬步，才能至千里，正是这每天很小的改进方法，才能让你变成一个更好的自己。

针对反省的内容，小湄的改进方法是：

1. 工作任务安排太满，没有给自己留出足够的休息时间。

改进方法：每 30 分钟的工作，给自己 5 分钟休息时间，调整一下。

2. 收发邮件，然后就“刷”微信了，浪费时间。

改进方法：有意识地减少“刷”微信的时间，必要时可以断网。

不断尝试：寻找真正有效的方法。

有些人在刚刚开始执行“当日反省”和“改进方法”时，会遇见一个问题，就是有时候“改进方法”往往不那么有效，因此他们想当然地觉得这是自己天生的坏习惯，是无法改变的。

其实，没有任何一样习惯是无法改变的。改进方法不奏效的原因，可能是你没有找到真正的原因，或是没有寻找到真正适合的方法。

对应的方法就是不断尝试，每种方法坚持一段时间看是否有效。无效就换一种，直到寻找到改进失误最有效的方法为止。

例如，有一阵子，我白天的工作效率很高，但是晚上在家里，不知为什么，做了一会儿事，就会觉得腰酸背疼，然后就产生放弃任务的心理，躺到床上玩一会儿。一开始，我总认为是自己意志力不够坚强。因为白天做了很多事，所以晚上就松懈了。我狠狠地责备自己，狠狠地尝试各种磨炼自己意志力的方法，还给自己制定了各种奖励和惩罚的措施，可是效果总是不够理想。

最后，我终于发现，因为我用的那个桌子不是典型的书桌，它比较矮，而我的椅子又是无法调节的，所以每次我都低着头，很不舒服地看书、写字。由于白天已经在办公室坐了一天，颈椎和背已经很累了，因此晚上的时候，颈椎和背不堪重负，就“奋起反抗”了。

了解到这一点，寻找有效方法就很容易了。于是，我去买了一个可调节高低的椅子，并且在晚上工作之前做一些颈椎和背部的伸展运动。这样尝试了一段时间之后，果然晚上的工作效率也开始逐渐提高了。

学习和实践

在每天写完“当日反省”和“改进方法”之后，还应该写的就是“当日学习”部分。这是用以总结你在每天的工作、学习中，从外部得到的可能有助于你自己提高的小技巧、小方法、小知识。

这些技巧、方法和知识可能来自书本上的一句话、一条偶尔看到的微博、你观察到的一个现象，以及别人的经验之谈，等等。总之，只要觉得对自己有益、有用的，都可以记录在“当日学习”的模块里。

“当日学习”跟看书、看公开课等学习是不完全相同的，后者的学习更为系统和专门化，而前者比较强调的是能够与自己相关联、可以让自己有所改进的方法，更为强调其实用性和对个体的适用性。因此，在写完自己的收获之后，也要写“实践方法”。

例如，在某一天，我在“当日学习”中写道：

今天看到一段文字：可口可乐第一年只卖了400罐；伟大的宝洁，两位创始人甚至一度穷得养不起一条狗。但是，他们最后都成功了。

然后在“实践方法”中，我写道：

坚持下去就是胜利，在觉得无法坚持的时候常常回想这个故事。

这一条就是通过书本上的一个故事来进行自我激励的方法。

另外一天的“当日学习”是：

今天在会议中，有意识地制止了天马行空、离题万里的讨论，有效地缩短了会议时间。

在“实践方法”中，我写道：

今天的经验表明，会议要按照既定的内容逐项讨论，不要过分离题，否则浪费时间，以后会议中要多加注意。

这就是向自己成功的经验学习，并希望通过不断实践，把这种成功的经验延续下去。

小湄的“当日学习”是：

1. 年会新闻稿有一定的套路，如果按照这个套路会事半功倍。

2. 午饭的时候，同事介绍了一本关于创意的书，很不错，下周开始阅读。

建立只属于自己的经验库

我在讲述“反省与改进”“学习与实践”的方法时，举了很多例子，但这些都是我自己的例子。实际上，在记事本的这个模块中，最重要的就是建立只属于自己的经验库，因为每个人的生活阶段和面临的困惑都是不同的，别人的经验不一定适合自己。例如撰写重要文件的时候，我就喜欢在有音乐背景的咖啡馆、快餐厅里进行。我家旁边有一家麦当劳，音乐吵到不行，但我就是能在那里非常高效地写出各种文字。但是，暖手同学就没办法在吵的地方做任何事，他喜欢坐在书桌前宽大的靠背椅上做事。

因此，你的记事本就是只属于你自己的经验库，所有对你自己的失误记录、有效的改进方法，以及对你而言有意义的学习内容，都是只属于你的。通过观察自己，通过对自己的“一日三省”，以及从生活点滴中学习到的技巧和方法，让自己每天都朝着梦想的方向前进。

在一日的 PDCA 完成后，小湄的日记本是这样的：

计划

序号	优先度	内容	计划时间	完成否
1	A1	撰写西勤公司年会新闻稿	2 小时	完成
2	A2	打电话跟客户交流工作进度	1 小时	完成
3	A3	预约柔芳客户下周工作会议时间	15 分钟	完成
4	A5	收发邮件	30 分钟	完成
5	A6	搜集柔芳洗发水历年广告文案、资料	2 小时	部分完成
6	A4	看《30 岁前的每一天》第四章	1 小时	完成
7	A7	缴水电费	30 分钟	未完成
8	A8	整理一下桌面杂物	3 小时	未完成
9	B1	跟新闻早报的 Mary 确认上次新闻稿已发出	15 分钟	委托
10	B3	被邀请参加另一个项目的头脑风暴会议	3 小时	拒绝

执行

时间	内容	计划时间	实际时间
8:30—11:00	撰写西勒公司年会新闻稿	2 小时	2 小时 30 分钟
11:10—11:20	预约柔芳客户下周工作的会议时间	15 分钟	10 分钟
11:30—12:00	感觉有点儿累，休息		
12:00—13:00	午饭时间		
13:00—14:00	经理说要一个上周会议的总结，突发事件	无	1 小时
14:00—14:25	休整，喝水		
14:30—15:10	收发邮件	30 分钟	40 分钟
15:10—16:30	“刷”公众号、朋友圈	无	1 小时 20 分钟
16:30—16:40	打电话给客户，但客户没空，约明天	无	10 分钟
16:55—17:20	搜集柔芳洗发水历年广告文案、资料（未完成）	2 小时	25 分钟
17:30	下班		
17:30—19:30	交通时间和吃晚饭		
19:30—21:00	看《30 岁前的每一天》第四章	1 小时	1 小时 30 分钟
21:00—23:00	看美剧		

当日反省和改进

1. 工作任务安排太满，没有给自己留出足够的休息时间。

改进方法：每 30 分钟的工作，给自己 5 分钟的休息时间，调整一下。

2. 收发邮件，然后就“刷”微信了，浪费时间。

改进方法：有意识地减少自己“刷”微信的时间，必要时可以断网。

3. 晚上看美剧的时间有点儿多，可以适当缩短一下。

改进方法：非休息日每天看美剧时间不超过 1 小时，多出来的时间用来看书、学习。

当日学习

1. 年会新闻稿有一定的套路，如果按照这个套路，会事半功倍；

2. 午饭的时候，同事介绍了一本关于创意的书，很不错，下周开始阅读；

3. 晚上阅读《30 岁前的每一天》的第四章，感受到财富自由的重要，下周买书开始学习投资。

这样就是一个完整的记事本“一日记录”了。这一天中，有计划，有执行。更重要的是，有针对自己做得不够的地方的反省和改进，并通过“当日学习”让自己有了提高的空间。

每周和每月 PDCA

当一日 PDCA 记录过一两周之后，你就已经非常熟悉这个过程了。其实，PDCA 就是记事本最基本的框架，每周和每月的记事本也是按照这个内容来不断循环的。

踏实地做好每天的记事本 PDCA 记录，就是做好每周和每月 PDCA 的基础。当然，每周和每月的 PDCA 也会同每天的略有不同，因为越是长的周期，就越是需要长远的考虑和规划。

每周和每月的计划和执行

每周的计划应该在每个周日的晚上来做，每月的计划则可以在月末的某一天来进行。计划可以分为几个大的模块，如“工作计划”“生活与健康”“学习计划”等。如果你正为自己设置某个专门的任务，也可以单列一个模块，如“减肥计划”“律考复习计划”等。

每周和每月计划的步骤同每日计划是一样的，同样是：1. 写下任务；2. 估算时间；3. 做出取舍；4. 分解任务。

制订每周和每月计划的时候，要注意的是，在时间允许的情况下，最好制定量化指标，以便在制订每日计划的时候适当进行分解。

例如，本周计划写 2 份策划案，每份策划案约 15 页，总的工作量就是 30 页，预计用 10 小时来完成。这样，在制订日计划的时候，就可以把 30 页的工作量除以 5 个工作日，就是每天需完成 6 页，大约用 2 小时。

如果你不希望每天都做这份工作，也可以用 3 个工作日来完成，那样就是每天用 3.3 小时来完成 10 页策划案的内容。

“每月计划”也是一样。例如，当月计划要看完一本书，书的总页数是 400 页，那分解到每周的话，就是 100 页；分解到每日的话，就是 20 页。

计划量化后，不仅能很方便地执行任务，更便于及时对照进度，进行适当的调整。例如，你当月制订了看 400 页书的计划，但是前两周工作特别繁忙，只完成了 100 页的任务，已经落后计划很多了，那下两周你就需要投入更多的时间，来完成预定的计划。

每周和每月的反馈和调整

如果你认真做好了每日的反馈和调整，即“反省和改进”与“学习和实践”模块，那么每周和每月的计划执行起来恐怕就不会那么困难了。你所要做的，仅仅是把这些内容整理和总结一下。

当然，因为有较长的时间，所以当你回头看的时候，你会认识到哪些部分是更为重要的。因为每天的反省内容只是在当日显得很重要，而当你在周末回顾一周反省和改进的时候，有些内容看上去就已经不那么重要了。这些部分，就应该舍去。当然也会有些内容，看起来会对你的生活有很大的影响，那些部分就应该出现在每周的反省和改进模块里。

当时间拉长到每月，问题会更为聚焦。你可以从一个更高的视角来审视自己存在的问题、所学习到的内容，以及自己是否有所改进。

与此同时，你也应该更多地去考虑上个月或上周制订的计划，是否真正是向着你的梦想进发的，记得不要偏离了大的方向。

为重要的事做足够的准备

我用的是活页记事本，用不同颜色的标签将不同的内容区隔开。除了每日和每周的标签外（每月我记录在电脑上），另外还有一个非常重要的标签就是“重要事件”。

全世界最伟大的管理学家之一彼得·德鲁克说到一个优秀的领导者的品质的时候，有一点就是“知道什么是重要的事”。

优先做最重要的事，这个事实大家都已经知道了。对我而言，这个标签的意义除了“提醒自己什么是最重要的事”之外，还有一个就是“为重要的事做足够的准备”。

我们已经知道了 80/20 法则，即 20% 的客户带来 80% 的收益，20% 的工作产出 80% 的成果，等等。当我们找到这 20% 的关键事件后，还需要做的，就是确保这 20% 发挥 80% 的作用。具体而言，就是花更多的时间，为其做好最精心的准备。

想象一下，周五有个对你而言至关重要的会议。在会议上，你将代表自己所在的子公司向集团公司领导做全年度的工作汇报。如果工作汇报做得好，不仅你所在子公司的工作会得到重视，明年还会得到集团更多的财力和物力的支持。而且，可能因为给集团领导留下了深刻印象，你今后在职业路途上会得到更多的机会。这就是 20% 的关键事件，可能给你带来 80% 的收获。

那你该怎么做？

A：把文件草草写完，然后埋头自己手上的其他工作，等到周五开会准时进入会场演讲。

B：把手上不重要的工作暂时搁置，全力为这次会议做准备。仔细修改文字，精心排版图表，并校对3次以上。事先在公司模拟演讲3次，请同事提意见，并把这些领导可能会问的问题的最佳答案准备妥当。当天选择稳重、大方的服饰，提前到达会场，并检查所有的仪器设备。提前开启空调，让与会人员入场时感觉舒适，并与同事一起在会议室外迎接集团领导。

你认为A和B，哪位更有机会得到集团领导的青睐呢？

因此，要在记事本上留出专门的位置给“重要事件”。只要是你认为非常重要的事件，就用红笔记录在上面，并且为此预留充分的空间，并把准备的内容写在这个页面上。

例如，我在与重要的合作伙伴谈判时，都会做好充分的准备工作。事先把可能谈到的议题、对方可能会提出的要求，以及我如何应对，一条一条写在准备内容里。有时候，还会请同事和家人与我演练几次。效果是，自从我为重要工作做好充分的准备以来，谈判的成功率大大提高了。

记录你的每一步成长

小的时候，每一年春节，妈妈都会让我站到门框旁边，依照我的身高，用小刀在门框上深深地刻一条线，并在旁边写上日期。这个门框是我成长最宝贵的记录。我记得有一年，我一下子蹿高了十几厘米。那年的刻痕跟上一年的距离特别大，我特别自豪。

正如门框上的刻痕记录着我的身高变化一样，记事本同样也记录着你精神的成长。当记事本不再是简单地记录下一次会议的时间、去超市应该买什么东西的时候，当你每天记录计划完成的情况，对自己每天都有反省和学习的内容的时候，记事本就变成了你成长的记录。

在运用记事本 3 年后，我发现自己有了许多显著的改变。首先，对时间的控制力强了很多。我之前也做每天的工作计划，但是由于没有相应的时间记录，也没有做好反省和改进的内容，因此自己制订的工作计划大概只能完成 30%。究其原因，往往是计划的内容没有与实际情况相结合，没有足够的反馈和改善机制，导致计划脱离了实际。随着自己的不断进步，现在工作计划制订得比较合理，也给自己留出了足够的休息时间，会优先完成重要的工作，实际工作效率得到了很大提高。

其次，我的拖延症和其他各种毛病都改善了很多。因为在每天的“反省时间”内，我都会总结自己的问题所在，然后通过阅读和总结，学习很多改进的方法，最终，通过不断地试错，我找到了真正适合自己的方法。

最后，我感觉生活充实了很多。我以前也嘲笑有严格计划的人有“强迫症”。我觉得他们不自由、不浪漫、不随性，认为把时间排得满满的人太可怕了。

现在，我不这么想了。其实有良好工作计划的人，反而有更多的空闲时间。我每天的时间规划不会超过 6 小时，因为每天会有很多突发事件。如果哪天工作效率高，真的空出很多时间来，我就看看书、上网……而下了班，除非特殊情况，时间都是家庭和私人的。

记事本记录了我每一步的成长，也帮助我向着梦想的方向前进。

第七章

30 岁前改变自己，30 岁后改变世界

从树立自己的梦想到聚集正能量，从对工作、学习的规划到理财投资的学习，我们谈的更多的是如何改变自己，让自己变得更好、更强、更快乐。这些目标是应该在年轻的时候达成的。

但是在改变自己的同时，也可以通过帮助他人来改变这个世界。

我又想起那个小男孩的故事。暴风雨后的一个早晨，很多小鱼被留在了岸上。虽然近在咫尺，但它们却回不了大海。一个小孩踩着软软的沙滩，不厌其烦地将小鱼扔回大海。有人问他，这儿有成千上万条小鱼，你怎么可能把它们全部都扔回去，有谁会在乎呢？小男孩并没有停止手中的工作，他一边往海里扔小鱼，一边说：“你说的道理我都知道，可是我手里的这条鱼在乎。那条鱼在乎，这条鱼也在乎。”

我们都同那位小男孩一样，可能无法彻底改变世界，但是如果能用我们的双手改变一条小鱼的命运，那就是我们改变世界的方式。当30岁之前，你变成更好的自己时，不妨留出更多的时间和精力去改变世界。

参与NGO的工作，就是这样一种方法。因为个人兴趣的原因，我一直非常关注NGO组织。以前工作的时候，也参与了一些项目。后来，更是辞去咨询顾问的工作，全职为一个非营利性组织工作。

这个部分，我会从自己的视角来谈谈我眼中的NGO，可能并不专业，只是希望能有更多的人对这个话题产生兴趣，从而真正参与到改变世界的行动中来。

怎样做好一个 NGO 组织

还是从一封邮件说起：

水湄姐姐：

您好！我是最近几天才开始关注您的，但是却借由您经验的分享吸收了大量的信息，十分感谢。因为你写了很多关于 NGO 的文章，浅薄的我在昨天才知道自己的爸爸原来在做的协会就属于草根 NGO 组织。

我爸爸曾经是一个癌症患者，靠自己的意志力两次与病魔搏斗。他在基本康复后开始组织有关“抗癌”的公益组织，但是事情总是进展得不顺利。我很心疼他，妈妈也不希望他日夜操劳。我列出 3 点我想要帮助爸爸改进的地方：

1. 工作人员的工作属于无偿性质，缺乏行动力；

2. 资金来源单一（一个制药品牌和一家医院），缺乏资金，无法进行活动、扩大知名度；

3. 我爸爸没有意识到 NGO 可以企业化，他目前想联系药商在协会经销一些药品，以此来创收。

我想寻求姐姐的帮助，请您推荐给我一些相关的图书学习，让我知道一个 NGO 的发展方向是什么，好分担爸爸的责任，不胜感谢。

Ann

这个女孩列的几条都很清晰，应该是大部分草根 NGO 组织所面临的共同问题。这就涉及一个特别有趣的话题——NGO 的模式。

香港赛马会是一种模式，“阿拉善”① 是另一种模式，壹基金② 提出“一人一块钱”的时候，大家眼睛一亮，说原来还有这种模式啊。我推崇的还有另一个组织——“多背一公斤”。

这些优秀 NGO 组织的模式有一个共性，那就是“简单容易，方便传播”。

我经常说，企业要的是“利”，而 NGO 组织要的是“名”。这个“名”，比较通俗的说法叫“社会影响力最大化”。因为一个 NGO 组织，或者倡导环保观念，或者关注特殊人群的需求，它总是希望能够影响和帮助更多的人。在影响力提升的同时，也想得到更多关注，以及更多的资金来源。

---

①“阿拉善”：即阿拉善 SEE 生态协会，简称“阿拉善”，成立于 2004 年，是一个关注环境保护的公益组织。因其最早主要致力于改善内蒙古阿拉善盟地区的沙漠化问题而得名，是国内最知名的公益组织之一。其发起人包括王石、李宁、马蔚华、冯仑、潘石屹等百余名知名企业家。

② 壹基金：2006 年由李连杰先生发起成立的国际性公益组织，倡导人人参与的公益理念，是国内影响力最大的公益组织之一。2010 年 12 月 3 日，深圳壹基金公益基金会作为独立社团法人正式注册成立，发起机构为上海李连杰壹基金公益基金会、老牛基金会、腾讯公益慈善基金会、万通公益基金会及万科公益基金会。

所以，NGO 组织要出名，在组织和宣传的模式上一定要牢记 8 个字，就是“简单方便，易于传播”。

先看“简单方便”，这是指要让人做得轻松、愉快，不增加太多负担。不要妄想大家为了参加 NGO 组织的活动会抛妻弃子，会牺牲所有的收入和娱乐时间，这违反了人的本性。如果只是说，你每周参与半小时，而且会交到朋友，得到乐趣，并且也为社会做出了贡献，这样大家就比较愿意接受。

来看“多背一公斤”，它的模式很简单。你出去旅游的时候，多背一公斤的书或者本子、文具，到该组织在当地的扶贫点去看看小朋友，分发一下文具，跟他们交流一下。

看看，多简单。年轻白领喜欢户外运动的多得是，一公斤的文具也不会带来太大的负担，旅游的同时做了公益。

比如壹基金的“一人一块钱”，多简单啊。但你真的会只捐一块吗？银行转账的费用还要两块钱呢。而且，成为壹基金的志愿者之后，会定期收到邮件，会有壹基金的胸章和标志，等等。这些让人有荣誉感的东西，是做公益的回报。

再看“方便传播”，在模式设定了“简单容易”之后，就一定要进行宣传。宣传要考虑到别人的需求，要让人做了公益，心里舒服。别让人捐了钱，也感受不到荣誉。

“易于传播”是指公益组织一定要在市场营销和广告宣传上大做文章。另外，在互联网时代，微博和网站等新媒体营销也是非常重要的。

具体就有很多做法了。比如“粉红丝带”行动，它是倡导防止乳房癌症的NGO组织。由于它最早是由时尚杂志和化妆品杂志发起的，因此它的宣传很有意思，就是请著名的女明星来代言，并且邀请女明星们在杂志上刊登用以宣传其“及早预防，及早发现，及早治疗”防治乳癌宗旨的不露点裸照。这种宣传方式非常夺人眼球，也极易于传播。它不仅代表了爱心，更成为大家对健康和美丽的追求，因此吸引了越来越多的人参与进来。

再来回答开始时那个女孩的问题：

首先，资金的来源，可以寻找一下相关的政府基金。有些政府部门也有外包的政府采购项目，例如你爸爸的组织可以承接社区里癌症病人的一些活动和服务，换取政府的补贴。

其次，记得“简单方便，易于传播”这8个字。所以，你要想想，如何能让人开心而方便地参与。要用一些比较巧的方式，例如，每天一条防癌短信，或者每天参与锻炼一小时，每天看一个笑话放松心情。当然，由于我对具体的内容不了解，只能提出这些肤浅的建议。关键的一点是要让人参与得有乐趣，而且容易坚持。同时也要注重宣传，作为一个年轻人，你可以通过互联网的方式，为你爸爸的组织做一些推广，相信是能起到一点儿作用的。

最后，允许我再一次送上我的祝福，希望你爸爸成立的组织能够发展壮大，帮助到更多的人。

目标高远，脚踏实地

自从我开始写 NGO 的系列文章，得到了很多人的关注。从大家的反馈和交流中，我也学习到了很多。但大部分人还是一直对这个领域有兴趣，却没太多了解。这些人里面，有两种典型的反应：

1. 啊，NGO 是个好东西啊，加油加油！

2. 啊，NGO 是个好东西啊，可是中国现状一片黑暗，我认识的 ××× 就是，我知道 ×× 组织就一片黑暗。甚至说，NGO 很大程度上就是洗钱工具等。

后一种说法让我感到非常惊讶，我能理解大家对某些黑幕的痛恨，但是我不能理解的是，如果把 NGO 行业定位成一片黑暗，那整个行业还怎么发展和前行呢？

当然，由于一些负面的新闻报道，人们对 NGO 组织普遍有质疑声，这是很正常的。有些人认为 NGO 组织太过商业化，应该纯粹一点儿。从某个角度来说，这种说法不是没有道理。因为“太商业化”，势必会被利益集团所左右。有资金赞助方，自然会有资金赞助方的需求，这中间的度是很难把握的。难怪像洛克菲勒基金会在成立伊始，就明确基金会绝不能跟整个集团有任何商业利益牵扯，明确了基金会的独立地位和中立的立场，这才会有如日中天的洛克菲勒基金会的发展。

但是，很多小型的 NGO 组织首先要解决的问题便是“活下去”。如果不适当地引入商业活动和商业赞助，如果不能“活下去”，如果在早期就太过理想化，恐怕这样的组织很难长久存活，那么帮助和影响更多人也就只能是空谈了。

在我看来，NGO组织的创立者大多数是崇高的理想和脚踏实地的作风兼而有之的人。从这一点来说，我非常钦佩“壹基金”的李连杰。

也许大家觉得以李连杰的江湖地位和明星效应，做“壹基金”这样的组织易如反掌。但实际上，正如他在访谈中所说的，“壹基金”一路走来极不容易，“做不下去”的时候绝对不止一次。

国内NGO组织发展的环境尚不成熟，相关的法律法规缺乏，政策模棱两可，人才极度匮乏，资金来源也非常不稳定。这些NGO组织的发起人和组织者需要在这样并不理想的环境中工作，他们要在狭小的空间和政策重压下腾挪左右、募集资金、扩大影响力，就必须正视所有的困难，使用更多灵活和创新的方法来工作。这正如同20年前民营经济的发展历程一样。

NGO的精神就是“目标远大，脚踏实地”，两者都必须有：没有目标远大的精神支持，难以熬过没有钱、没有人的草创阶段；没有理想的支持，根本不可能存在NGO组织；但是没有脚踏实地的作风，也很难存活下去。

NGO组织的钱从哪里来

作为一个非营利性的组织，实际上存在着大量开销。办公的场地，宣传的费用，专职工作人员的薪水，活动组织的成本，这些都是非常实际的开销。因此，NGO 组织的钱从哪里来？这是大家很关心的一个问题，事实上也确实是 NGO 组织面临的最重要的问题。

首先，我要阐明一个概念。NGO 组织，它叫非政府组织，而不是早些年说的“非营利性组织”。因为“非营利”往往使人产生误解。NGO 组织并不是一定不营利的，只是它的营利不是用于股东分红的。

尤其是近些年来，欧美国家的公益领域，越来越倡导“社会企业”[①] 的概念。作为社会企业的话，营利甚至可以分红，只是它不会把盈利最大化作为公司的目标，而是通过商业手段来追求社会价值。

其次，我也要说明，NGO 组织之间是有竞争的。只是因为在国内，这个行业还不“蓬勃”，因此还没进入激烈竞争的阶段。但是，NGO 组织的运行也是符合经济规律的，所以它们是要抢夺资源的。这种资源包括财力和物力，也包括志愿者之类的人力。NGO 组织的战略眼光、品牌定位和市场营销手段等，势必会影响它在整个行业内的影响力，从而真正影响它抢夺资源的能力。

资源永远是稀缺的，这是经济学的第一堂课，这个定理也同样适用于 NGO。低效率的 NGO 运作，长远来看势必会丧失优势。

回到主题，NGO 组织的钱从哪里来？除了最多的从政府部门和国内外基金会那里拿到经费支持，以及从企业和个人捐赠人手中拿到

① 社会企业：是近年来非营利性组织的新发展方向，它不是纯粹的企业，但倡导通过商业手段，赚取合理利润贡献社会。社会企业与一般企业最大的区别是，社会企业不以利润最大化为目标，其所获得的利润不进行股东分红。

捐赠外，我了解的市场运作方式有以下几种：

1. 整合人脉资源。

“壹基金”在发展的早期，借助李连杰的明星效应，有这样的操作模式。例如，“壹基金”跟 ×× 银行合作，在 ×× 银行晚宴上做一个慈善拍卖，其实钱是银行出的。“壹基金”负责邀请明星，当然，这个明星出场费会比一般时候的低，差额部分就捐入“壹基金”。具体操作可能是由一家公关公司来实现的。这当中，“壹基金”的优势是“明星人脉”，公关公司则负责“变现”。

再来谈谈“阿拉善”。“阿拉善”的资金来源主要是会员费。它的会员费是每年 10 万元，连续交 10 年，即每个加入的个人要交 100 万元的费用。因此，“阿拉善”是国内 NGO 组织里最不缺钱的一个。

它的资源是什么？是人脉圈。由于“阿拉善”最初是由百余位非常知名的企业家发起成立的，当中包括万科的王石、复星的郭广昌、万通的冯仑、华谊兄弟的王中军、招商银行的马蔚华，因此成了一个极高端的企业家交流平台。

一般的企业家付出 100 万元的会员费，除了为公益事业心甘情愿地付出之外，也有要结交知名企业家，并通过合作赚取更多利益的心思在里面。“阿拉善”的成功定位，使得资金来源有了非常好的保障。

这种方式普遍存在于拥有高端人脉的基金会和商会组织里。温州商会的一次年会活动就要 300 万元，靠的都是这类收入。

2. 拿企业品牌宣传费。

这一类其实也很多。比如，孕妇装“十月妈咪”宣传的重点是“给孕妇让座”，另一个孕妇装“奇妮”就宣传“母乳喂养”。又如，TNT 天地华宇作为物流公司要宣传“道路交通安全”，招商银行与“壹基金”合作的“刷卡捐款给壹基金”，地铁上看到的某外资银行（好像某人寿也在做）做的“爱心基金”。“壹基金”跟 LV 合作的环保袋，卖出一个就捐给“壹基金”多少钱。这个费用仍然是奢侈品牌商正常的市场推广费用，不过由于有一个慈善公益的头衔，在营销上会有很多亮点。它实际是用一个公益的模式，做品牌的宣传。

实际上，就是企业拿出原本的市场推广和广告费用，而 NGO 组织则拿出其公益项目的影响力，来使企业树立正面的社会形象。

公益类广告和活动是现在很多大企业都愿意做的，只是缺乏有效的中间对接组织。NGO 行业缺乏中间流通型的组织，会让企业与最终做项目的 NGO 组织对接不上，就好像是种苹果的直接跟买苹果的对接而没有批发商零售商一样荒谬。这种中间流通型的组织既需要了解企业的实际需求，又需要知道公益组织的发展和未来战略，更需要有一定的创新能力，把双方的需求通过某种方式有效地连接起来。

3. 直接赚钱。

上面说到的中间流通型的组织，如公关公司、咨询公司或是

NGO组织，如果能有效地满足企业和NGO组织双方的需求，就能从中赚到钱。这件事情可以是公司来做，也可以是“想要营利的NGO组织”来做。无所谓，只要符合商业规律，有核心竞争力，一定可以赚到钱。

我曾经遇到“专门给NGO设计商品和宣传品的设计公司”，其实这个也可以由一个设计师组成的非营利性团体做。“专门给NGO组织做培训的NGO组织”，其实培训公司也可以做，还有“专门对接企业宣传和NGO资助的咨询公司”。

不同的NGO组织还有很多其他办法，我所见所识有限，只提以上3点。当然，我还想说，NGO赚钱要注意的是：请尊重商业规律。

NGO组织赚钱并不可耻，关键是把钱用到什么地方去。

什么样的人适合从事NGO

我接触过的很多人都对NGO组织怀有浓厚的兴趣，只是还没有迈出第一步。什么样的人才适合从事NGO的工作？实际上并没有定论，不过以自己的观察，我也看到很多NGO的志愿者，尤其是专职工作人员，确实具备一些与众不同的特点。

首先来讲讲共性的能力，即无论什么行业和职业都需要的能力，

NGO 当然也是需要的。

1. 态度决定一切。

这句话最早我记得是国足前统帅米卢说的。刚开始听到的时候，我挺不以为然，但随着自己工作经历的增多，越来越觉得这句话是无比正确的。基本上，就目前中国的教育体制而言，学校里教的不少东西在工作上完全派不上用场。暖手同学说他在国外读书的时候，他们的 JAVA 老师是 IBM 专管技术的副总裁。而在中国，这类应用技术的老师大多没有实战的经验。暖手同学说过一个例子，他的一位同事大学毕业后，由于学校背景不够好，半年多没找到工作，最后才进入一家公司。不过 1 年不到的时间，那个人就成长为他们公司的技术骨干，等闲的 3 年工作经历的人，还不如他呢。

如果你了解“一万小时成就天才”这个理论，就知道有研究表明，所有的天才都是靠勤奋得来的，哪怕莫扎特这种绝世天才。付出比别人更多的努力和准备，绝对可以弥补智力上的先天不足和经验上的匮乏。

所以，你对工作的重视程度，你所付出努力的多寡，很大程度上已经决定了你是否能够从事这份工作。

2. 结果导向型。

我第一次听说“结果导向型”这个词，是从一位师兄面试知名投行的事情中知道的。面试官问他某一次经历带给他的价值是什么。他回答说："从这个过程中我学会了……"面试官打断他说道："我们公司倡导结果导向型，无论经历怎样富有启发意义，不达到目的都不能算。"师兄给我讲这段经历的时候很感慨，我印象也很深刻。在后来的工作中，尤其是当自己真正建立一个团队要向外"搏杀"的时候，我才明白这句话的道理。

个体或者组织的成长，其实是需要不断犯错的，在错误中学习，是成长所必须经历的过程。因此，对于一个正常运行的组织（包括企业和 NGO 组织）来说，要求结果导向型几乎是一定的。

你的老板不会因为你身体欠佳、心情不好而原谅你销售业绩不达标，也不会因为你下雨、下雪天迟到而不扣你的全勤奖金。"没有借口"，想了解这个可以推荐两本书《把信送给加西亚》《QBQ- 问题背后的问题》。这两本书都很薄，说的问题也很简单，即不要为没有结果寻找任何借口。

NGO 组织的生存环境很糟，很多组织的运营模式没有可以参照的对象，因此更加要求成员能够从结果出发，寻找出各种创新的手段和方法。

当然，共性能力还有很多，不只有以上两点，但我个人觉得最重要的是这两点。尤其对于刚出校门的同学来说，经验什么的都还缺乏，只要有"认真的态度"和"没有借口"这两点，什么都可以慢慢学会的。

讲完共性再来讲个性的能力，从事 NGO 工作的人确实会有一些特色，其中有两项我觉得很重要：

1. 和善、热情的性格。

在企业中，和善、热情的个性虽然很重要，但不是必需的，尤其是专业性和技术性强的工作，不一定要特别善于和人打交道。

NGO 组织是一个社会化的组织，它的规模一般都不可能非常大，因此每个人都要兼顾很多工作。而且，NGO 组织的工作通常都需要与外界合作，因此需要跟不同的人打交道。

如果从事 NGO 工作的人性格怪癖，不喜欢讲话，不喜欢跟人聊天，没有能感染人的笑容和热情，别说在团队内无法立足了，他自己都很难坚持下去。

2. 创新能力。

NGO 组织在中国是个全新的事物，而且在中国这个大环境下，很多国外模式无法套用，因此需要很多变通的能力，而中国式教育又普遍对创新能力的培养不够重视。

NGO 组织的从业人员面临的是一个变化极快的环境，如何抓住机会是摆在他们面前很重要的内容。

像我接触过的一些公益组织，如“灯塔计划”[①]，有效地利用了大学生的暑期时间，通过饶有趣味的教育内容，改善了偏远地区教育落

① 灯塔计划（The Lighthouse Project）：面向农村教育的一个公益组织，成立于广州。通过组织拥有良好教育背景的志愿者到偏远地区的学校开展义务教育活动，来改善偏远地区师资力量薄弱的状况，引导并唤起当地学生的学习动力和生活追求，从而促进当地社会的可持续发展。

后的现状。而同样是关注农村教育内容的，“红粉笔计划”[①]则借助了品牌和媒体的力量，让商务人士有机会参与到农村教育的公益行动中去。

墙的存在，是为了让你翻越

从事 NGO 工作并不是一件容易的事，我收到很多邮件是问如何面对各种困难的，下面就是一封典型的来信：

亲爱的水湄：

我想请教的是，在运营 NGO 时，有没有碰到过力不从心、困惑或者投师无门的境况。遇到这些问题时，你都是怎么解决的（能列举案例吗）？有没有想过去学校读书？我是指非营利组织管理领域的深造。

我写了很长一段文字来回答这类问题：

在回答这类问题之前，我想先闲扯一下我的价值观。我一直是

① 红粉笔计划：2005 年，一个由媒体（《21 世纪经济报道》）发起的公益活动。它倡导公司白领到乡村支教，旨在改善偏远地区的教育问题。后来，由于通用雪佛兰的冠名，“红粉笔计划”的资金得到了很好的保障。

"改良派"，而不是"改革派"，这意味着我不相信"一见钟情"，不相信"一时顿悟"，不相信"一夜暴富"，而比较相信小的量上的累积会带来大的质上的改变。总之，我不太相信某个状态和状态之间有着巨大的鸿沟。只要伸脚跨过去了，就走到了另一边。

我相信人生和所有的经验都是漫长的、连续的过程，我相信"政经"教材里的"螺旋式上升"和"波浪式前进"，我相信一万个小时的练习才能造就天才。

说清楚了这些，再来回答这一类问题。

问这类问题的朋友，大概总觉得从事NGO有什么不二法门，或者天生神力，或者拥有显赫的背景，又或者能够得到名师的指点，再或者像这位朋友所说的"名校指路"。总之，大家有一个想法，渴望拥有这个法宝，就像封神榜中的捆神索、照妖镜一样，只要出场，拿出来使用便是。

其实做NGO组织工作的（当然，我谈得比较多的是组织者），是专职工作人员，而不是业余从事的志愿者，遇见的问题跟一般公司没有两样。工作有时候很无聊，重复性很高。

我之前所在的NGO组织招募的除我以外的第一个工作人员的第一项工作任务，就是在36摄氏度的高温天气里，把新办公地点附近都走一圈，以便了解附近有什么送外卖的地方。这种工作很辛苦吧？很无趣吧？

至于真正意义上的第一个工作人员——我，可以拍着胸脯自豪地说，从组织注册，到办公室装修，里面所有的家具、装饰、涂料都是我挑选的。保洁阿姨是我找的，而在找到保洁阿姨之前，办公室扫地的活儿是我干的。网络是我找人接的，财务是我自己做的，人事的工作是我自己做的。

问我“遇见什么困难，怎么解决”的人，大概会期望我回答一些很大的问题。例如，NGO 的生存环境不好，资金来源困难，我就说如何如何，然后三下五除二就解决掉了。

其实，这些比较宏观和巨大的问题，是我解决不了的。但我们一直都在努力，就像夏天吃冰激凌：冰激凌开始很硬，用铁勺也只能挖很浅一条，但是随着时间的推移，在手心的温度和环境的温度共同作用下，冰激凌自然会融化。

NGO 的工作也是一样，现实的问题很困难，但是我们都用手心在焐，外部环境也在变化。有朝一日，就可以吃到果实了。

作为一个开过公司、开过小店、对创业有那么一点点经验的人，我可以负责任地说，其实做一个 NGO 组织跟创立一个企业没什么两样。资金筹集很困难？当然。无论多有钱的人，你想让他掏钱都比登天难。不过，说资金筹集困难的 NGO 们，大概实在还没见识过银行贷款部的嘴脸吧。政策控制很严格？当然。不过与民企遇见的问题是一样的，一项审批拖你半年都是很正常的事情。

所有的困难，都要一一去解决，这才是做 NGO 的魅力所在。正如我之前所说，做 NGO 工作就是要“没有借口”。做这份工作一天，就要去解决你可能遇见的任何问题。一个问题解决了，还会有更多的问题冒出来。可怕吗？这就是人生。

正如曾经让我热血沸腾的兰迪教授在他人生的最后一课中所讲的（感兴趣的同学可以去看看电影《兰迪教授的最后一课》），在追寻梦想的过程中，你常常会遇见挡在你面前的墙。但这面墙所能够挡住的其实是那些没有诚意的、不相信梦想的人！兰迪教授说："这面墙让我们知道，为它后面的梦想而努力是值得的。这面墙迫使我们向自己证明，我们是多么渴望墙后面的宝藏——我们的梦想！"

这堵墙之所以存在，是为了让你翻越过去！

附录 1

院生故事

理财是一场蓄意已久的阴谋

作者：奥利奥

你 23 岁的时候，过着什么样的生活？

或许你还是个大学生，或许你已经工作好几年了，或许你已经成了家。

我 23 岁的时候，大学刚毕业，正接受着社会的“蹂躏”，在一家国企工作。每天的工作忙也不忙，不过人际关系却是让我十分头疼的问题。刚刚工作不过半年，我就有些身心疲惫了。每天喊着口号——真想一夜暴富！然后第二天继续上班。

生活还得继续，想辞职又没有底气，关键是不工作就没钱，没钱就硬气不起来。可能就是应了那句话：“活着很难，想死又不敢。”

但是，我为什么离不开我的工作单位呢？主要原因是我现在的工作很简单，平时闲得很，钱少活少离家近。钱少，是我最不满意的地方。

我脑海里无数次冒出想自己学点儿东西的想法：

最近，知识付费那么火，我下班后也试试吧。下班后，就开始“刷”微博。最近斜杠青年很火，我也找份兼职吧，然后回家继续“刷”微博。

看见一个“大V”饭团购买链接，投资自己嘛，没坏处，买！直到过期都没打开过。

……

加入长投小白理财训练营的那个晚上，我只是又一次点进了某“大V”的链接，交了9元钱报名费。我还记得，那一天，公司调整新人培训制度，我的生活一下子从朝九晚五变成了朝九晚九。

那一天，晚上9点的地铁一点儿都不挤，都是加班回家的人，但是谁又知道此时的我是拿着2200元的月薪，加班培训到9点的人？

这种生活一直持续了3个月，刚踏入社会我就被砸了两锤子，还在晕晕乎乎的。我想要学点儿理财，我是个金融专业毕业的人，大学买股票进进出出也没赚到钱。实在不行，学会了我回家炒股去！

在长投学堂（下文简称“长投”）上课的这段时间，即使是朝九晚九的工作日程，我也顺利得到了优秀毕业生的称号。并不是说我有多努力，你看我以前的生活就知道了，“努力”二字跟我没半毛钱关系。我只是被生活逼得喘不过气来，钱实在不够生活开支。

顺利毕业后，长投有实习班主任的名额，要求至少学两门课程，这样你才有东西给学弟、学妹们分享。不然，你什么都不懂就敢来带班，这不是江湖骗子嘛！

后来，我买了新课，然后……它们都过期了。结局很简单，我没有当上实习班主任。准确地说，我根本就没报名，因为课都没有上，我再一次败给了拖延症。之后的日子，我还在四处寻找开源的方法。我羡慕着斜杠青年的人生，但至今未写出一篇完整的样稿。

生活总是这样，为你关上一扇门的时候，还要顺带夹一下你的脑袋。公司再一次压榨了我们，突然宣布降薪了。收到这个消息，我当时就想一拍桌子辞职算了，但冷静一想这个月工资还没发，我又假装倒杯水默默坐下了。生活再一次把我逼到了墙角，我生存欲望爆棚。这时候，恰逢长投开始招文案兼职伙伴了。长投开了写作训练营，是选拔制的。我报了名，这次降薪已经危急到面膜都快买不起了，啥也不说了，赚点儿面膜钱吧！

终于，我成了文案组的兼职成员。因为平时知识储备不够，只能恶补理财知识，把基金，股票、保险课都重学了一遍。现在，我也是“学富 2.5 车”的学姐了。

成为兼职文案人员之后，我学习了很多公众号的技巧和知识，还学了很多写作课，写作能力也提高了。我终于还是成了一个“斜杠中年”，也有了兼职收入。即使还没实现财务自由，但我有三份工资啊，本职工作一份，基金、股票收益算一份，兼职收入凑三份。之后的人生过得像个扒火车开挂的印度人，经常有公司找我写公司简介，还有各种推广的活，我心里美滋滋的。

不知道你有没有听过《管道的故事》：

“管道一完工，柏波罗便不用再提水桶了。无论他是否工作，水都在源源不断地流入。他吃饭时，水在流入；他睡觉时，水在流入。当他周末去玩的时候，水也在流入。流入村子的水越多，流入柏波罗口袋里的钱也越多。”

——摘自《管道的故事》

《管道的故事》告诉我们，与其天天提水，不如修一条属于自己的管道。修管道的过程纵然劳力费神，但等到管道修好之后，你就可以坐享其成了。学习理财又何尝不是这样？你现在学习理财，买基金、股票都是在修一条管道，等你学成归来，就是在利用钱生钱，也就是大多数人所说的财务自由了。

但是，总有一些人会像刚开始的我一样，坚持不下去，中途当了逃兵。当你四处碰壁，买保险被骗，在股市里追涨杀跌被深套，买基金亏得一塌糊涂，被现实吊打过几次后，相信你还是会回来乖乖地学理财的。我们的终极目标是财务自由，说通俗点儿就是有钱，有很多很多的钱！

财务自由不是单纯地喊口号，而是需要有踏实的学习态度、正确的投资理念，而我们学理财就是学习正确的投资理念。是选择用桶提水，还是修一条管道？这带来的结果是差着好几个十万八千里的。到最后，看着别人修好管道，你才想要扔掉桶，模仿人家也修一条管道。人家已经开始赚钱了，你才刚刚下定决心从头开始。

所以说，理财是一场蓄谋已久的阴谋，你想象过无数次开始，却总是没坚持下去。最后，被生活逼得走投无路的时候，你还是要来。兜兜转转，你总是要来，为何不“一站到底”呢？

一入长投深似海，从此改变是常态

作者：蛋蛋

改变我命运的重要瞬间，发生在洗手间。

很多人说，洗手间是文人墨客创作的重要场所，是音乐的集中出产地。没想到，我也“文雅”了一次，改变我命运的重要瞬间，竟然发生在洗手间。

没错，我就是在洗手间“刷”了一次公众号，然后看见了长投小白理财训练营的广告，只有 9 元钱。于是，我抱着试一试的想法就报名了。如果不成功，大不了从头再来，9 元钱的智商税我还交得起，9 元钱之后我又是一条好汉。

那时的我，25 岁，一个人在外地实习，每个月有固定的工资，但是半年后实习结束，我将会被打回原形，过着毕业即失业的生活。但我却没想到，这次长投训练竟然给了我巨大的冲击，让我从时间管理、理财投资及思想观念上重新做了思考。

把时间“浪费”在正确的地方上

训练营开课之前，班主任布置了作业——学习两本书，一本是《小狗钱钱》，一本是水湄姐的《30岁前的每一天》。

我自己是一个积极向上、浑身充满正能量的人，悲观的情绪在我这里出现的情况少之又少。即使把我一个人扔进沙漠里，我应该也是那种乐呵呵地每天用仙人掌做泡菜的人。

所以刚看《30岁前的每一天》时，书中说要树立正确的价值观等内容并不能引起我巨大的共鸣，反而是后面的具体操作让我受益匪浅。当时的我每天的任务就是上班、看剧、“刷”微博，过得清闲而又空虚。于是，我决定改变，开始用水湄姐推荐的方法——用笔记本规划人生。就是每周日晚上计划一下下一周做什么，每天晚上计划一下明天做什么。

刚开始的时候是相当痛苦的，不是忘记在笔记本上计划明天的工作，就是开心地“刷”了一天的剧忘记完成任务。于是，我每天逼迫自己一定要规划自己的生活与工作，甚至有几次半夜爬起来，用手机照着小本本写下任务。一边写一边骂自己：“让你玩，让你‘刷’剧，现在不得不挑灯夜战、秉烛夜游了。”

经过不懈努力，我现在终于放弃笔记本了……不是说我放弃了规划自己的生活，而是我已经养成了习惯，每天睡觉前想一下待完成的任务，笔记本反而成为限制我规划的障碍（写起来速度太慢）。于是，我慢慢抛弃了笔记本，用有限但是可以不断开发的脑容量继续这项工作。

现在的我依然上班、看剧、“刷”微博，但是我同时可以做更多的事情。我把自己的工作压缩在周一与周三进行，周二是我固定编辑公众号的时间，周四则是我学习理财的时间，周五是看论文、写论文、准备毕业答辩的固定时间。至于周末嘛，想休息就休息，想出去胡吃海喝就出去。

时间是一样的，我却过得更加有滋有味了。我甚至把每天化妆的时间都利用起来听长投的 FM，以至于现在不听 FM 都不会化妆了……

股票撕毁了我原有的平静生活

说完了时间管理，再来说说投资理财，让我好好说说我既爱又恨的股票。

初识股票是 2007 年，那时候可以说基本上是人人炒股，我们家也不例外。父母谈论的话题也始终是围绕着股市的。当时，我正在上高中，只知道父母整天看大盘，还会买各种“炒股宝典”。我总觉得他们太过于关心股市以至于对我关心不够，所以我和股票的初识可以说不算愉快。后面又经过 2008 年的经济危机，后果可想而知，股票成了我家的禁忌话题。

直到 2014 年我考上了研究生，父母 10 年前买的股票终于解套的时候，股票这个话题才重新回到我们家。

正在准备踏入社会的我，不满足于父母给的生活费，我需要开源节流。于是，我开始兼职打工，挣下自己的一点点私房钱。但是，不怕“贼”偷，就怕“贼”惦记。老爸以理财的名义忽悠我买股票，他义正词严地说道：“你还年轻，这辈子总能遇上好几个牛市，不如来股市试试吧。”他还向我提议，让我给他2000元钱，他来给我操作，在年底还我4000元。我那是一个激动，但是还有点儿半信半疑。直到老爸买的股票确实涨了，我才相信他。

于是，我提刀上马杀入股市。老爸说，现在是买股票的好时候，我就毫不犹豫，立即冲锋陷阵；老爸说，现在大盘在调整，我们要蛰伏，我便耐心等待。一边继续做着兼职，一边摩拳擦掌等待着下次出击，争取一举拿下远方的山头。

但是好景不长，2015年初，看着大盘如电脑开机一般绿油油的一片时，我呆坐在电脑前。老爸拍着我的肩膀，语重心长地说：“没事，你还年轻，再等等总能解套的。”我问老爸：“你的良心不会痛吗？”老爸说会痛，但是不是他的钱，他也没办法……

经过这次“血淋淋”的教训，我再也不相信“听说”，我开始在长投学习理财知识。只有学到了货真价实的知识，才能在股票市场冲锋陷阵、英勇杀敌。我从基础的保险学起，学完再转战基金，最后攻占股票。这时，老爸跟弥勒佛似的笑眯眯地端着一杯茶站在我面前说：“我闺女就是像我，一定能在股市赚到钱。”

于是，我和老爸打赌，他按他的“道听途说法”炒股，我按我的

“货真价实法”炒股，我们相约明年看看到底谁才是那个最后胜出的人。股票的课我还在学习，我不着急，慢慢地学习，慢慢地分析，终有一天，自己将不再是股市那一把“韭菜”。

思维还分贫富

第一次听到“富人思维”这个词的时候，我就忍不住笑了：我听过人分贫富，思维还分贫富？这真是闻所未闻。

长投“小白”训练营的初始，就是在训练“富人思维”。我理解的“富人思维”就是一个重新认识钱的过程，它不是你的主人，而是你的奴隶。它要做的就是为你工作，努力去生更多的小钱。

在接触了这种思维方式之后，我就开始重新规划我的“小奴隶们”。它们中的一部分要负责我的日常生活，甚至包括我偶尔有些奢侈的愿望，但是大部分要去为我工作，努力地工作，去赚更多的钱。对于一个“小白”来说，一开始让“小奴隶们”工作，首选就是余额宝、基金定投之类的项目。学习完股票课程后，可以考虑着手杀入股市。

除此之外，我还在不断地开源节流。既然日常的工作不饱和，那就利用业余的时间做点儿自己喜欢而且还有意义的事。我当时不知道自己怎么想的，就报了写作班。坚持学习之后，我也有了一份小小的兼职。因为喜欢，我时不时地写点儿小东西，赚个零花钱。这样的生活更加丰富、有趣了。

我这些一点一滴的改变都始于洗手间的那个时刻，我从来没想到自己人生的重要瞬间竟然发生在洗手间。为了不让其他的朋友也像我一样有一个有“味道”的转折点，我经常会给他们推荐长投，推荐《30岁前的每一天》。希望朋友们也能拥有“富人思维”，然后我们可以一起学着理财，薅着羊毛，最终走上财富自由的道路。

理财就能让生活变得更好吗

作者：青

我绝对是理财意识觉醒很早的人：一毕业就开始理财，办信用卡、玩定投基金、强迫症式记账，投过P2P，我是第一批用余额宝的人……只是，因为没有系统地学习理财，这些行为并没有给我的生活带来好的变化，我甚至还被电信诈骗了6万多元。一句话：我的人生经验，是用血与泪换来的。

基金定投之路：

毕业没多久，我就开始理财了。

那时候，有个同学告诉我，他定投的基金分红了。

于是，我好奇了、眼红了，浏览了一下基金网站，很随便地选择两只基金，搞定了人生第一次基金定投。

这一次的定投止于2011年10月，一共投入了8000元。2014年12月，我赎回了这两只基金，盈利977元。

这期间，我还被电信诈骗骗走了6万多元……算算日子，大约是在 2012 年。

我猜你们或许会有疑问：你哪来的 6 万多元可以被人骗走？不是定投吗？

我诚实地告诉你：这 6 万多元是我工作两年攒下来的，就在银行活期存款里躺着。为何没定投？我不知道。每次看到我的存款，我都很高兴，然而我并没有打算把它们怎么样……

没错，人生第一次基金定投，听起来高大上，但也就是“意思意思”……

人生经验：

1. 不懂的东西不要做，至少要等有足够的知识积累后再做。

去年学基金定投之后，我才对基金定投有了更深的了解。只能说，以前没亏钱是我运气好。

2. 朋友、同事投资赚钱了，多想一想、问一问，原因是什么。

3. 把闲钱都用来投资吧！没存款至少可以避免被诈骗……

好冷的笑话……不过，活期存款的确太浪费了，好歹存个货币基金呀！

记账之路：

当时，我记账到了什么程度呢？

1. 特别详细。合租的室友有一天问：“冰箱里这颗卷心菜啥时候买的？”我查一查账就能告诉她是在哪里买的。

2. 对数字敏感、精确到有些病态。没错，去超市买菜，我会根据每家超市对 0.01 元的处理方式来决定是付现还是刷卡！

一年后，为了不那么抠门和病态，我终止了记账。

我的记账感想：

1. 记账不能记完了事，需要对其进行分析，才能达到控制消费的作用。

2. 千万别太纠结于细节，这样不仅会花费比较多的时间和精力，还不容易坚持，得不偿失。

3. 节流也要有个度，不然会影响正常生活。

信用卡之路：

我的消费习惯是，能刷信用卡就刷信用卡，到了最后还款日还全款。这样，我的工资可以在货币基金里多拿点儿利息。

没错，自从余额宝横空出世后，我就基本没有活期存款了。货币基金真是个好东西。

有个和我合租的妹子，大学的时候就办信用卡了，额度 3000 元。工作后，她的额度升得超快，很快就赶超了我，飙升至 1.5 万元，还都是银行主动提升额度的。

她迅速提升额度的秘诀是：每个月还款只还最低还款额。

知道这件事的时候，我简直不忍直视她的脸……

我告诉她，如果账单是 10001 元，她还了 10000 元，剩下 1 元钱没还，但算利息的时候是按 10001 元算的。而她的账单一直没还清，就天天在算利息！

最后，我做了总结："你每年要给银行几千元的利息……"

我还有个同学，每次刷完信用卡，第二天就去 ATM 机还钱……其实，我不懂她为什么要办信用卡。

经验总结：

1. 不懂的事情不要做！再一次强调，别给自己找麻烦好吗？

2. 控制不了自己买买买的欲望，就别办信用卡。

3. 挑选适合自己的信用卡，可以获得更多的福利和优惠。

4. 平时的零花钱，可以选择放在货币基金拿利息。

我的 P2P 之路：

2015 年，我接受了同事的推荐，放了几万元在 P2P 平台！

2018 年 4 月，我参加的长投线下课，提到了 P2P。老师说国内的 P2P，很多都是一大群人给一个机构借钱……这个机构还不上了，这一群人的本金就没了。

最后，我选择把钱撤出来，赶在大批 P2P 倒台和跑路之前，算是逃过一劫……

总结：

理财带给我的最大改变是什么？

我一毕业就开始理财：办信用卡，定投基金，记账，投 P2P，用货币基金。

这些行为给我的生活带来了好的变化吗？没感觉到。甚至在记账期间，由于太过于关注数字，我觉得我的生活有点儿糟糕，太守财奴了。

真正的改变，是从 2016 年 9 月开始的。

我通过长投，开始系统地学习投资理财。

自此，我迎来了生活的转折点。

首先，我认识了一群志同道合的人，一起学习理财、改变生活。

其次，我愿意做出尝试，成为更好的自己。

除了理财，我还开始学习其他方面的知识，积极锻炼身体。感觉自己每天都能有一点儿进步，心情非常棒。

成就一：让视金钱如粪土的老爸对定投基金产生了兴趣。

成就二：让老妈和我一起健身，App 上的总运动时间超过 7000 分钟。

成就三：拉我妈和我老公一起参加读书活动。

成就四：带动了十几个朋友开始学习理财。

成就感飙升！

理财并不能让生活变得更好。

只有正确地明白了什么是理财，明白了如何去理财，试着改变理财观念，努力学习知识提升自己，才能够给生活带来好的改变。

我就要理直气壮地爱钱

作者：圈圈

我是圈圈，一个长居西藏林芝的成都妹子。2016 年 10 月初遇长投，2017 年 3 月开始兼职担任“小白”训练营（也叫百花楼）最胖的班主任。至今入坑长投一周年，发现抱紧财富真不难。

我今年 23 岁，在遇到长投之前，我 22 年的消费生涯还是走得顺风顺水的。也就是说，我这个人在之前的生活中完全没有投资理财的概念，也因为我们这一代都是独生子女，父母宠爱，爷爷、奶奶溺爱，虽然没有另一半疼爱，但是生活还算一直愉快。即使后来我 15 岁的时候我妈给我添了个弟弟，我也觉得挣钱这事儿暂时还轮不到我。加之我大学还没毕业甚至连驾照都还没拿到，我爸就给我买了车，所以那时候我对生活的压力完全没感觉，对钱的概念十分模糊。

第一次觉得钱很重要，是大三那年离校实习时。我在成都人民广播电台担任广播剧编剧，一熬 3 个月，作品无数，一个剧本 50 元钱，各类线下活动巡演自带器材担任摄影，完了回来还要帮忙后期剪辑等工作。最后，3 个月实习期，总共收到了 1800 元的辛苦费。每天披星戴月不说，入不敷出不说，在听到自己的作品最后编剧的署名是别人的时候，我的世界崩塌了。

况且没有钱，我怎么追偶像呢？

作为一个大学三年在艺术院校全靠偶像吊着一口仙气的“脑残

粉”，为偶像回归榜首狂打榜，专辑冲销量，捧场买周边，应援演唱会，大家说哪样不花钱？没钱饿着自己的时候还能说是减肥，没钱“饿着”偶像的时候就真的是很绝望了。

当时，实习期一满，我就决心跳槽，结果工作还没开始找，我爸就已经帮我安排了。因为我妈要带我弟回成都上学，我爸一个人忙不过来，所以我必须到西藏支援我爸。于是，2015 年的 10 月，我就进藏做起了小老板。但是那个时候，我还只是个打杂的。

每天打扫车间、煮饭洗碗、开车送货，开货车我能钻小区、上山路，搬家具我能一口气上三楼，本来就黑的我晒得连亲闺密都不认识了，本来就胖的我壮得连亲爸都嫌弃我。本来是 20 多岁的年纪，我觉得自己活得像 40 多岁的阿姨。

身体上的辛苦还能承受的时候，心里就总是挣扎着问自己：为什么要来这里？在这里做什么？这些毫无技术含量的事情，真的是自己喜欢的吗？是不是离开了家庭的庇护伞，我就会一事无成？是不是不用我爸给的零花钱，我就会身无分文？后来想了想，真的是……

于是，我那时候开始迫切地想要挣钱，想要积累一定的财富，给自己说走就走的勇气。

2016 年，我开始做起了土特产代购，意料之中失败了；又琢磨搞快递代理，结果被别人抢占了先机；心血来潮曾想过做卖菜的生意，结果我爸不允许。山穷水尽的时候，刚好在长投遇见了全新的自己。

具体在长投学到了什么知识，了解了什么故事，我就不一一赘述了，很多人对长投的了解和感情都比我还要深厚得多。我不敢班门弄斧，只想说说自己的转变。

首先，学理财对我最大的影响，就是我的工作变了。

大家是不是以为我会愤然辞职，从一无所有再到倾家荡产？没那么严重，我只是给自己升了个职。

我并没有离开我爸，反而在我学了股票初级课以后，思维有了一个从打工仔到管理员的变化。所以，我用学到的知识去给我爸的经营管理提建议，更多地理解他、帮助他，甚至是带领他。我们家的工厂从一个驻扎西藏林芝10余年有口皆碑的老厂，完成了新一轮的品牌包装和公司建立，从高成本的自产自销到多元化的几方协作，从闭门造车到开门迎客。我帮着我爸从注册公司完善税收做起，到改变单一生产模式和开发销售渠道，我爸的技术把控搭配我的管理销售。今年，林芝市整个家具行业面临重组转变，多家老厂纷纷向低价产品投降的时候，我们在高端产品上独树一帜。所以，我们敢自信地说，林芝最好的家具产品，必看我家。

而我，从一个打杂的小工人，变成了掌权的小老板。

我现在已经可以说走就走了，但是我知道还有家的责任在肩上。我也很想跟闺密们一起逛街、购物；和朋友们一起聚餐、聊天；心情不好就出去旅游，心情好了就痴心享受……可是，这些都太烧钱了啊，我的钱还要留着生钱呢！

大家都说我变了，我变得爱钱，甚至痴迷于爱钱。越有钱，越是理直气壮地爱钱。但是，我一点儿也不羞愧，钱是我的底气。毕竟出来混，总是你们穷的时候找我借钱，而我真的是一直都有钱。

虽然钱不多，但是够用；虽然还很少，但是在涨。

和我同龄的同学、朋友们，大多数人还在“月光”中挣扎的时候，我已经开始用基金定投强制储蓄了。在少数人小有积蓄的时候，我已经开始靠投资获得年化 15% 的收益率了。在个别人筹划创业的时候，我已经开始了自己的第二轮创业了。

我不否认我的家庭给我创造了好的条件，但是我更相信是长投带我发现了好的机会，也确实是自己的选择让我走了一条对的路。

无知的亲戚们总是说：“圈圈，你还是个宝宝啊。不用跑得那么快，活得那么拼。”但是，他们根本不知道我现在压力好大啊！

要知道，我不投资，钱就在通货膨胀下贬值了；我不创业，钱的来源就变得单一而固定；我不努力，那是要回去接管我爸的家具厂的呀。

所以，我开始变得非常积极。“学习”，成为我生命中最美丽的两个字。

想当年，我是在送货的时候决定下单购买初级课的，因为搬家具真的是太累了……我也一直认为遇见长投、加入长投，是我人生中最正确也是最重要的决定。选择理财，是我生命的一大转折；学习理财，开启了这辈子的美好生活。

学习的美丽在于，它带给我正面、积极的进步与改变，让我创造了踏实且充分的幸福感。

说实话，在长投学完了初级课开始实操以后，我也曾有段时间变得止步不前，甚至痴迷于主动开源。为什么会这样呢？因为本金确实不多。在同龄人的圈子里，我可能是最富有的，但是在投资人的圈子里，我却可能是最穷的。

用 6 位数的密码保护 5 位数的存款，似乎精力方面也有点儿不划算。

所以在很长的一段时间内，我都鼓励自己，要去主动开源，智力不够，干活来凑啊！

要知道，给自己家工作虽然没有工资，但是有点儿零花钱作为日常开销，养车、养自己。再兼职挣点儿额外收入作为投资本金，养鹅等下蛋。看起来这也算是个非常好的状态，但是本金少，收益率再高也很受局限。

瞎忙了一段时间后，我有些沮丧地发现，提高主动收入真是一个非常漫长的过程，而且高强度的工作让我的生命面临危险。虽然我有全面的保险，但是我“歇菜”了岂不是更赚不了钱？

不想加班，不想熬夜，不想干体力活，也不想跟人赔笑脸，还有什么办法能赚钱呢？

抱紧长投大腿的你我都清楚，还是要理财，还是要投资啊！

基于此法的唯一可行路径又是什么，学习啊！

所以，我又报了Lip师兄的股票特训营回炉重造，想要更全面地了解股票。有空不敢追剧、不敢瞎闹，抱着书本的时候总是一阵迷之微笑。果真是应了那句话："学习的乐趣，不学的人永远不懂；学习理财的好处，不学的人永远感受不到。"

不知道能干什么、该干什么的时候，就去抓住兴趣点好好学习吧！

不知道怎么赚钱、怎么开源的时候，就从抱紧长投大腿稳稳地实操开始吧！

我是如何从"超级韭菜"成长为"一代股神"的

作者：游泳的鱼

败家本色

我在一家国际知名的石油上市公司工作，多年前就通过自己的努力成了公司的中层。2008年前，石油行业的工作一直是金饭碗，除了每月正常的工资收入，还时不时发个奖金，日子过得蛮滋润。老公也供职于当地一家电力集团，累，但收入很不错。

我在国企待久了，总觉得每个月都有收入，手头根本不缺钱花，就没养成储蓄的习惯。到我们结婚后第7年、孩子出生的时候，家里总共才有8万元钱的存款。而跟我同时参加工作的人，少说也都有二三十万元的存款啦。

可能有人会问：“你的钱都干啥了？”第一就是任性地买买买！虽然那时并没有那么多网店，但我照样败家。心情好了要花钱，高兴！心情不好也要花钱，爽！

第二就是爱攀比，高消费！人家买手机了，我也要！人家买车了，吃土也要买！我家第一辆车是2003年买的。那时，我们这个小城根本没有几辆私家车。所以，每次在周围人的注视中上车，我的感觉就两个字：嘚瑟！

可是好景不长，2008年石油价格暴跌（2015年跌得更狠）。国企的收入突然没有了任何优势，加上女儿的出生和家里换了大房子（也是自己的虚荣心作祟），家里的经济状况可以用“捉襟见肘”来形容。每月还完房贷（我当时什么也不懂，只傻傻办了10年房贷，所以每月还款额巨大），再给女儿交完1000多元的托儿费，手里剩下的钱连给车加油都困难。那时候，我才真切地感受到钱是多么好的东西！

以前，母亲总是劝我别乱花钱，不然家里有急事就惨了。“一分钱难死英雄好汉”是母亲反复向我灌输的一句话。但我那时哪里听得进去？只觉得有钱就该享受。等到真没钱了，我傻眼了。女儿生病住院或者突然要交一大笔费用的时候，我恨不得自己能有个阿拉丁的神灯，只要摸一下就能变出钱来。

韭菜样板

那时，我手里还存着一笔钱，就是女儿的压岁钱。我虽然每月拆了东墙补西墙，但残存的理智告诉我，这笔钱是女儿将来的教育金，绝不能花掉，必须给她存起来。可到底要怎么存呢？

老妈建议我直接存成定期，这样一方面可以防止花掉，另一方面也能得到不错的利息。那时的利息不低，3 年定期大概 5%。于是，我决定按照老妈的建议把钱存银行。没想到，我到了银行后，银行的工作人员（其实是穿着同样制服的保险公司员工）却极力向我推荐一款所谓的理财产品，说收益比 3 年定期高许多。

那时的我没有任何理财知识和防范意识，居然相信了。然后，这些钱全变成了一份具有理财功能的保险。等我存完了钱，才发现产品说明书上写着并不保障具体收益，而且钱要 10 年后才能取出。

我拿着那份保险合同回到家，老公问这个到底是怎么回事。心虚的我只好说自己被保险公司忽悠了。老公的脸色顿时变得像包公一样——一黑到底！老妈也一个劲儿地数落我："怎么不看仔细点儿再存呢？"

我心里那个懊悔啊，自己怎么会这么傻呢？

虽然被保险公司忽悠了 5 万元，但每年年底，亲朋好友给孩子的压岁钱也总要有六七千元，这部分钱我可不敢再掉以轻心了。钱虽然不多，但如果能好好打理，等到孩子上大学时，也足够支付她的教育金了。左思右想之后，我决定给孩子买基金。

那时，基金投资刚刚兴起，大家普遍的认知是：基金既比股票风险低，又比银行存款收益高。听起来好像很完美啊。于是，我给一个自称"基神"的朋友打电话，让他给推荐一只基金。他想都没想，直接告诉了我一只基金的名字，还信誓旦旦地对我说："不用担心，包你能挣 50%（还好，他没对我说能翻一番）。”

但实际上却不是那么回事，那时正值牛市，刚开始投进去时着实涨了一些。正在我暗自得意之时，熊市来了。基金开始大幅跳水，不仅很快就把收益亏进去了，本金也损失了不少。最后，我忍痛割爱离场了。

时间又到了 2015 年，这时国内 A 股刚好又进入了一轮大牛市。看着朋友天天在朋友圈里晒自己的股票收益，我的脑袋忍不住又发热起来。在老公的怂恿下，我把银行的钱都取了出来，按照朋友的推荐（“韭菜”永远不会变），将钱全投入了一只股票里。当时还幻想着：“这只金鹅要给我下金蛋了！”没想到的是，金鹅没下出金蛋，差点儿鹅毛也被拔光了。我的钱好歹还没亏，但老公的钱却亏了 80%。家里的财务状况再次回到原点，真是“偷鸡不成蚀把米”啊。

误入长投

两次“割韭菜”的经历让我痛定思痛，开始反思自己失败的原因。我大量搜集、阅读投资理财方面的书。当然了，事后证明这就是病急乱投医。80% 的书没有任何用处，剩余 20% 不知道怎么用。

但是，有一本书对我的投资理财之路起到了决定性的作用，那就是《30 岁前的每一天》。这本书是长投网创始人水湄物语写的，书中不止一次提到“长投学堂”，可当时我并没有在意。直到在书的最后看到《零基础投资理财之路》，那个自称小熊之家的家伙，居然通过投资美国股市实现了财务自由。

于是，我忍不住说给被A股打击得体无完肤的老公听，结果被他泼了一瓢冷水："这种话你也相信？他要是真的挣钱了，哪有时间来给你讲课？讲课才挣几个钱？美国股市制度比A股完善多了，A股就是赌场……"反正，老公的结论就是一个：这样的人、这样的公司都不可信！

可那时银行存款利率非常低，P2P又不敢买，买房又没钱……如何理财简直成了我的一块心病。由于《30岁前的每一天》写得特别好，所以我忍不住经常翻看。看的次数多了，长投学堂就慢慢变成了我的一个心结：想看怕受骗，不看又忍不住。后来，我又看了水湄的《跟钱钱学理财》，觉得她说得非常有道理，于是就不断带着各种疑问，经常在长投网上翻看论坛和课程，还把所有的第零课都听了一遍。

"这到底是家什么样的公司？它靠什么赚钱？难道真的只靠卖课程吗？"既然这么纠结，不如先买节课算了，反正被骗也就几百元而已。想到自己的损失怎么也不会比老公炒股损失得更多，那就没啥可担心的了。交钱上课吧。

在我的意识里，一般课程打开后必然先是一段"硬广"。即使不推荐买产品，起码也要推荐一堆股票吧。好吧，我承认自己想多了——课程里面什么广告也没有。讲课的那个男声就好像全世界都欠他钱似的，对盲目投机行为各种讽刺、打击、挖苦，一点儿也没有循循善诱的风范（对，这就是传说中的小熊之家）。

挖苦归挖苦，课程的内容还是无可挑剔的。像我这样毫无理财知识的文科女，不仅听懂了每节课的内容，还把作业也做好了。可能有人会很好奇：为什么我一开始就买《股票初级课》，而不是《资产配置课》？这是因为我被股市“割韭菜”割怕了，怕自己再次被带到坑里去，就想通过《股票初级课》验证自己一直以来的两个疑问。

一是股票到底是什么？老公一直灌输的理论就是：股市就是赌场，买股票就是赌博，想赢必须靠内幕。可我不明白的是：国家既然不允许设立赌场，那为什么要设立一个股市来让大家公开赌博呢？

二是验证这个长投学堂到底如何教大家炒股？它是否像老公说的那样，花钱买内幕，或者炒股技巧，比如如何看 K 线、如何做波段、如何抄底逃顶什么的。如若这样，我就可以断定中国股市确实没救了，从此之后再也不跟股市有一丝一毫的关系了。

没想到的是，我从此一发不可收，不仅学完了《股票初级课》，还学完了《股票进阶课》《股票实战课》《基金初级和高级课》《保险初级课》……差不多在长投学堂上能学到的课程，我都一课不落地学了下来。

记得学《股票进阶课》时，我每天利用工作的间隙和晚上孩子学习的时间，争分夺秒地做作业，只用了一个月就学完了全部课程。除了第一节课的作业被老师退回来重新写了一遍以外，其他所有作业都是 5 分。当时，我对自己真是肃然起敬啊。

股市进阶

学完课程并不是结束，而是开始。因为理财不仅是一门学问，更是行动和实践。鼓起多次被“割肉”的勇气，我又开始了新的实践。我不敢拿女儿的压岁钱去买股票，而是按照《基金定投课》里学来的知识，把这些钱分成几份，开始定投指数基金。先是采取大额定投的方式，把女儿多年的压岁钱分成 12 份，每月投入 1/12，用了一年的时间消化掉这些积累的资金。然后，又把新增加的压岁钱，采用每周 100 元的方式持续定投。从定投开始到现在，我坚持不看盘，只定期关注基金估值。如果低估，就继续定投；如果高估了，就停止定投。视情况继续持有或者卖出。

到这个月，我看了一下最早定投的基金，一年多的时间，平均收益率已经超过 30% 了。

同时，我又重新开始买股票了。逼着自己看那些复杂如天书的企业年报，并进行认真的分析。经过分析，陆续买入了几只股票。刚买入的时候，内心是极为焦虑的。差不多隔一两天就要看看是涨了还是跌了。但是随着自己能力的提高，特别是学了《股票进阶课》以后，对价值投资有了更为深入的理解，内心也逐渐平静了下来。

到这个月，我看了一下自己的股票，全线飘红，收益率最高的已经达到了 100%，这次是真的翻番了。最差的也有 40% 以上的收益。

对于这样的收益，我还是很满意的。老公也放弃了亲自炒股，专心炒菜、做饭、干家务，让我全心全意看书、学习，还有就是把工资全交给我进行理财。

自从遇到了长投，我最大的感受就是，在不断逼着自己跳出舒适区的过程中，自己对待事情的方式发生了巨大的变化。“积极乐观”“努力行动”“不断尝试”，这些词已经深深融入了自己的血液里。现在的我，虽然年龄一天天增长，但心态却越来越年轻：工作上不拖、不靠、不等、不怠，不推诿、不扯皮，想到的事情立即去做，有问题第一时间落实。生活中，我坚持读书、学习、写作和锻炼身体，每一天都充满激情，感觉自己又回到了年轻时代。

我相信：只要一个人坚持学习、不断进步，持续打造自己的内在价值，有所成就只是一个时间问题。当然，在一段时间里（也可能是相当长的一段时间），我们需要默默付出、忍受孤独，在寂寞里不断挣扎和成长。但是，当岁月流逝，你回首过去，会庆幸自己选择了坚持。

附录 2

零基础的投资之路

“零基础的投资之路”是暖手同学写的，他的网名叫“小熊之家”，所以文中的“小熊”就是暖手同学。

在这篇文章中，小熊阐述了自己是如何走上投资这条道路的，也希望能够通过这篇文章，让大家了解一些投资的基本知识。

引 言

这个系列的文章，可以称为“零基础的投资之路”。这个零基础的菜鸟是谁呢？就是小熊我。本来我不太想讲自己学习投资之路的，就像是陈胜、吴广革命有点儿起色之后，把知道自己奴隶出身的人统统杀光一样，人总是希望别人以为自己从来都是这么牛的。

但是，小熊自己心里深深地知道，这不是事实。水湄也看在眼里。很多次投资之前，小熊也是惴惴不安的，当把几十万甚至更多资金投进一家公司的时候，我心中也是充满了不确定。所以，水湄想揭开我的“伪君子”面具，逼着我写这个投资之路系列，希望能给各位零基础的学员借鉴一下。

loser

时光回到2007年，当时小熊在英国从事第一份工作，拿着差不多全英国最低的全职IT工作工资，勉强糊口。这恐怕和大部分初来乍到“北上广”的人一样，心中充满了愤懑。总觉得自己是有能力的人，但是为什么得不到赏识，行为举止十足一个“loser”。现在，我当然知道为什么，因为我从2005年到2007年，两年多的业余时间都在玩，能保住那份工作已经不错了。当时，我苦练《星际争霸》和《魔兽争霸》，手速也能保持在每分钟200左右，在业余选手中算不错的了。

那时，我和很多朋友有共同的习惯，就是不存钱。每月不多的工资都是吃光、用光，一分不剩。而且，我的自我辩护就是：“有钱就算成功了？有钱但是人生失败的人我见多了。”当时，即便我还没有财富自由的概念，内心深处也不是不知道有钱的好处。但是，我和现在不少人一样，就是懒，觉得追求财富太苦、太累了，不如多打打游戏，将来的事将来再说。

触　动

一直等到某天，我们公司邀请英国一家投行的合伙人一起开酒会。当时，一个看起来才 30 多岁的小伙子对我说，今天是他最后一天工作。

我说："哦，你要跳槽啦。"

他说："不是，今天是我最后一天的工作日，我从此再也不用工作了。"

我吓了一跳，问他几岁，原来才 36 岁。

他说他在投行干了整整 10 年，已经攒了足够的钱准备搬到巴西养老了。

然后，他的上司就批评他说："这种生活态度是不对的，每个人要对自己的一生负责。当你躺在灵床上的时候，有没有勇气说我这辈子没有白活？我做到了所有我应该做和想做的事情吗？"

那个小伙子争辩道，他想做的就是去巴西海滩冲浪。

然后，两个人就争论起来了。

逆　袭

那天晚上，我受到的触动非常大。以前，我一直拿来做借口的"有钱不算成功"，似乎再也不能用来做遮羞布了。我在想，指责别人"有钱不算成功"的时候，我自己每天做的事情就算是成功的典范了？现在想来，有钱并不算是成功，但是有钱人当中人生成功的比例比起穷人高多了。当我老了回顾人生的时候，我是否觉得我的人生没有虚度？我是否做到了我想做的事情？

我想坐船（最好自己开船）环游地中海；

我想花一个月时间坐在香榭丽舍大街上喝咖啡，看人来人往；

我想花一年时间坐在场边看杜兰特如何带领“雷霆”卷土重来；

我想去太空旅游；

……

这张单子我还能写很长，但是这一切的基础，其实就是财富自由。财富自由了，我才能完成这张单子。那时，我就下决心，为了实现这些而放弃自己的懒惰和游戏时光。

投　资

但是，下面就犯难了，我已经是一个IT“屌丝男”了，又不是投行的人，不可能像他们赚那么多工资和奖金。当时看了“穷爸爸富爸爸”系列，豁然开朗，上天留给我的机会只有一个，就是投资，那我这次要抓住了！

尝　试

计算要靠钱生钱，也有很多选择。

小熊第一步，其实就踏错了。我当时从网上下载了几本投机的书，比如《道氏理论》《日本蜡烛图》等，花了几天的时间看完好几本。感受就是，这辈子我恐怕学不会的。对于我这种智商的人来说，这些理论完全就是瞎猜嘛。

然后开始学习经济学的那套，什么有效市场理论之类的。当时看到现金流折现法如获至宝，痴想每天只需要这样算算就可以发大财了。我记得那是一个周末的下午，窗外万籁俱寂，也或者是青蛙和癞蛤蟆齐鸣，我在那里计算宝钢（宝钢股份）的现金流折现，越算越开心。我假设宝钢每年增长 10%，它每股就要值 20 元。如果每年增长 20%，那每股就值 25 元了。比起当时股价只有 14 元来说，岂不是赚美了？但是我发现，我怎么假设，就得出什么样的值，到最后宝钢的价值还是取决于我怎么假设嘛。可是，我的假设和瞎猜其实没多少区别。于是，经过几天的兴奋期，我告别了现金流折现法。

经过 3 周各种不靠谱的尝试之后，我才捡起最不起眼的价值投资法，勉勉强强地接受巴菲特和格雷厄姆的理论。

苦　修

刚开始学习价值投资的日子比较疯狂，如饥似渴地看书。普通的书两天就能看完，稍微好点儿的书花一周可以看上 3 遍。

记得当时第一本看的书就是《伟大的博弈——华尔街的历史》。不知道有多少人学习投资或者学习价值投资，开手的书是这本书。当时选此书作为第一本原因很简单，它是我第一本找到和下载的，而且书的内容通俗易懂，就是讲故事。但是这个无心之举，反而收到了奇效。就像是杨威利元帅学习军事史成为一代名将一样，学习金融史，也能够帮助我蔑视一切市场反常的波动。不论多么大的波动，华尔街历史上都经历过了。那时恰逢 2007 年底 2008 年初，美国股市正好是自由落体下跌的时候，我倒是没这么害怕了。

后来看了很多投资类的书，个人感觉有经典的，也有“坑爹”的。

培　训

2008年，一个偶然的机会，我发现有一位私募基金经理在深圳培训价值投资，时间也正好是小熊回国的时候。于是，小熊就屁颠屁颠地坐着飞机从上海飞到深圳参加了这次培训。

话说当时这个两天的培训贵啊，要6800元，加上机票要将近8000元了。不过，当时小熊已经在投资上赚到一点儿钱了，对财富自由也有了更大的渴望，所以没有太多犹豫就参加了这次培训。学习了两天之后，发现他的投资分析和估值方法给了小熊很大启发。小熊在初级课上教授的投资方法，其中20%的部分就是他的投资分析方法。所以说，你们这些初级课学生多幸福，本来这培训要收费6800元的。

虽然这次培训费用比较高，但是比起小熊在投资上的收益来说，连1%都远远不到，小熊算是赚到了。而且，这种估值方法能够纳入小熊的投资体系，让小熊发展出自己的投资体系（这个在进阶课教授），这6800元又算得了什么呢?

后来，听说那个私募基金去年做不下去了，不得不清盘，很可惜。这也是后话了。

后　悔

随着小熊的投资体系日趋成熟，小熊也越来越后悔。后悔没有早点儿醒悟，后悔 2005 年到 2007 年这两年多荒废了许多日子。

小熊现在也不能算完全财富自由，只能算半自由吧，但是感受和几年前完全不同了。

自信，不论是金融危机还是公司裁员，都不能剥夺我的财富及投资能力。

心境，以前小熊可是资深愤青和 loser，网上骂战高手，现在小熊才明白，当时的咄咄逼人只是缺乏自信的表现。

淡定，以前不论我找的工作有多好，心中总是没底儿，现在我没什么可慌的了。

快乐，现在不论上司和公司如何，我工作是因为我觉得在这里快乐，可以体会生命中的快乐。

2007 年那年，我已经 30 岁了，等到了而立之年才醒悟，确实晚了点儿。不过晚点儿总比不醒悟要强吧，你什么时候能醒悟呢？

遮羞布

“遮羞布”是什么？就是大家面对财富自由很渴望，可是又觉得太苦、太累时的各种借口。

这里提供给大家各种遮羞布，方便大家取用：

1. 财富自由未必算是成功。

关键看成功的概率，有钱人成功的概率比穷人高多了。

2. 每个人对“成功”的定义不同。

那要看你怎么定义“成功”。难道是“吃了上顿不知下顿”，每天为买房、买车烦恼，老了为养老烦恼，就算是成功了？

3. 我的本金太少，不能投资。

小熊是从 2000 英镑开始投资的，你难道需要巴菲特的 500 亿美元的本金才能开始吗？

4. 投资太难了，我学不会。

这句话是我听到最多的，其实说这话的人并不是觉得投资太难，而是太懒，不愿意努力，希望天下有轻松而且不需要经验的赚钱法。不过，你没学过，怎么知道学不会呢？

5. 我现在没时间学习投资。

时间都是挤出来的，没人让你辞职来学习投资。每天只需要一小时来长投学堂学习的时间都没有吗？

这里集中回答一下几个经常被问起的问题吧。

1. 小熊投资的都是美股，长投学堂对我们有多少帮助呢？

A：巴菲特、彼得·林奇、格雷厄姆等价值投资者买的都是美股，那我们是不是不要学习价值投资了？还是回到中国最擅长的“听消息投资”算了？

再说，我是买入 A 股票的，比如 2008 年 5.05 元买入的民生银行；2009 年 17.4 元买入的天士力；2016 年 29.51 元买入中国平安；

等等。

2. 小熊主要配置的都是美国公司，是不是不看好中国市场呢？

A：2007 年、2008 年的时候是的，现在我更看好中国市场，而且我多配置美元资产，是为了对冲某些未知的政治风险。

3. 中国市场有投机，年报也有假的，为什么还有人投资中国股市？

A：首先，我一直认为股票市场就是一面镜子。你喜欢投机，它就给你投机现象；你喜欢听消息，它就给你很多消息；你认为它是假年报，那它就真的给你很多假年报看；你喜欢价值投资，你也会发现价值投资的机会。

其次，我建议大家看《伟大的博弈》，原因就在此。如果能够把眼光放得长远一些（比如 100 年），人的思考就不会局促于现在的小问题了。美国股市在格雷厄姆时期，连获得一张数字清晰的年报都是奢求，但是不妨碍“格老”创下了价值投资理论。在巴菲特中期，也是年报作假成风，巴菲特照样获得了每年 20% 以上的收益。关键看你怎么分析和分辨了。

还有，说两句“再也不投资中国股市了”或者“投资中国股市的都是笨蛋”的风凉话，是再容易不过的事了。相比之下，我更欣赏脚踏实地做投资、分析公司的人。现在，长投学堂已经慢慢聚集起这样一批人了，这正是我想做的事情。

最后，这些嘲笑让我想起了改革开放初期下海的人。他们当时也是被人嘲笑和谩骂的，但是他们笑到了最后。现在，社会上仇富的人有很大一批就是那时候成长起来的。如果你想在 20 年后再来感叹当时没有抓住机会的话，那就一起来念咒语——“投资中国股市的都是笨蛋”吧。